Fundamentos de robótica. FMEM0004

José Luis Sánchez Jiménez

ic editorial

Fundamentos de robótica. FMEM0004
© José Luis Sánchez Jiménez

1ª Edición

© IC Editorial, 2025

Editado por: IC Editorial
c/ Cueva de Viera, 2, Local 3
Centro Negocios CADI
29200 Antequera (Málaga)
Teléfono: 952 70 60 04
Fax: 952 84 55 03
Correo electrónico: iceditorial@iceditorial.com
Internet: www.iceditorial.com

ISBN: 978-84-1184-579-3
Depósito Legal: MA 147-2025

Impresión: PODiPrint
Impreso en Andalucía – España

Nota de la editorial: IC Editorial pertenece a Innovación y Cualificación S. L.

Especialidad formativa

Se entiende por especialidad formativa la agrupación de contenidos, competencias profesionales y especificaciones técnicas que responde a un conjunto de actividades de trabajo enmarcadas en una fase del proceso de producción y con funciones afines.

Las especialidades formativas de Uso General, Formación Complementaria, Formación Modular y las especialidades formativas dirigidas a la obtención de certificados de profesionalidad se incluyen en el Fichero de Especialidades del Servicio Público de Empleo Estatal para su gestión en todo el territorio nacional por cualquier Administración competente.

Las especialidades complementarias, pertenecen todas a la Familia profesional de Formación Complementaria (FCO) y tienen la consideración de formación transversal en áreas que se consideran prioritarias tanto en el marco de la Estrategia Europea para el Empleo y del Sistema Nacional de Empleo como en las directrices establecidas por la Unión Europea. Se consideran áreas prioritarias las relativas a tecnologías de la información y la comunicación, la prevención de riesgos laborales, la sensibilización en medio ambiente, la promoción de la igualdad, la orientación profesional y aquellas otras que se establezcan por la Administración competente.

Las especialidades de Certificado de profesionalidad tienen una duración especificada en su normativa reguladora.

En el resultado de la búsqueda, se muestran las unidades de competencia, todos los módulos formativos con su duración y las unidades formativas del certificado correspondiente, con su duración. Las horas del certificado, exclusivo de las especialidades de certificado de profesionalidad, con alta igual o superior a 2008, son las horas totales más las horas del módulo de Prácticas Profesionales no Laborales.

⮕ **Si la especialidad tiene unidades formativas,** las horas totales, presencial, distancia, teleformación serán igual a la suma de esas horas de las unidades formativas de los distintos módulos, sin que se repita ninguna Unidad formativa.

⮑ **Si la especialidad no tiene unidades formativas,** las horas totales, presencial, distancia, teleformación serán igual a las sumas de esas horas de los módulos formativos, eliminando las horas de los módulos repetidos.

https://sede.sepe.gob.es/especialidadesformativas/RXBuscadorEFRED/BusquedaEspecialidades.do

(Fuente: Servicio Público de Empleo Estatal)

Índice

OBJETIVO GENERAL

Los objetivos generales del **FMEM0004. Fundamentos de robótica,** son los siguientes:

➲ Conocer el origen de la robótica y en qué consiste, su clasificación y las herramientas teóricas de las que depende, las tipologías del robot, su funcionamiento y los criterios para su aplicación en la industria.
➲ Conocer la robótica en general e identificar el ámbito industrial.
➲ Aprender la morfología de un robot.
➲ Estudiar las diferentes herramientas matemáticas que permiten conocer la localización espacial en la robótica industrial.
➲ Estudiar la cinemática de un robot industrial para su posterior análisis.
➲ Estudiar la aplicación del control cinemático en un robot industrial.
➲ Iniciación a la programación de la robótica.
➲ Estudiar la posibilidad de insertar un robot industrial en una célula flexible y conocer sus posibles riesgos.
➲ Poder diferenciar los tipos de robots industriales y sus aplicaciones.

Aproximación al desarrollo de la robótica

Contenido

Objetivos

El objetivo general de esta Unidad de Aprendizaje es:

→ Conocer la robótica en general e identificar el ámbito industrial.

Los objetivos específicos de esta Unidad de Aprendizaje son:

→ Establecer el origen de la robótica.

→ Identificar las fechas claves y hechos históricos en los que la robótica ha estado presente.

→ Aprender la definición de robótica industrial y sus diferentes aplicaciones.

→ Conocer cómo se clasifican los robots industriales.

1. Introducción

A lo largo de la historia, el ser humano ha tenido que realizar diversidad de trabajos, ya sean fáciles o complejos, y ha sentido la necesidad de que "otro" podría realizar esos trabajos en menos tiempo y de la misma manera o incluso mejor.

El ser humano ha ido inventando herramientas de menor tamaño para realizar tareas, pero ha ido progresando hasta crear grandes **máquinas** que le permiten realizar trabajos forzosos y/o peligrosos sin necesidad de ponerse en riesgo.

Estas máquinas que realizan el trabajo en el lugar de un ser humano se denominan **robots.** Los robots pueden aparecer en situaciones cotidianas para desempeñar tareas sencillas o en la industria, para desarrollar tareas industriales. Este **ámbito industrial** donde los robots realizan tareas es lo que se entiende como robótica industrial.

A lo largo de esta unidad se verá dónde comenzó a hablarse de **robótica** y cómo ha ido evolucionando desde sus inicios hasta como la conocemos actualmente.

A continuación, se afianzarán conceptos claves que envuelven a la robótica para poder hacer frente a posteriores unidades.

Para finalizar se verá de forma más detallada cómo se estructura un robot y se profundizará en cada parte de dicha estructura.

Para ver la evolución de la robótica nos centraremos en Francisco, un alumno que siempre ha tenido especial interés en las aplicaciones industriales y en la robótica en general. Francisco necesita información para un trabajo final de curso.

2. Conocimiento de los antecedentes históricos: origen y desarrollo de la robótica

 **HILO CONDUCTOR**

Francisco, alumno de la Universidad de Córdoba, se encuentra estudiando Grado en Ingeniería Electrónica Industrial y le han encargado realizar un trabajo final sobre la robótica industrial.

Francisco sabe que la robótica en general es muy amplia y decide comenzar a investigar sobre sus orígenes y cómo ha evolucionado la robótica a lo largo de la historia.

El término *robot* fue utilizado por primera vez en 1921 en una obra teatral del novelista checo Karel Éapek. Esta obra, titulada *Rossum's Universal Robots,* introdujo el término checo *Robota* que significa *trabajador forzado* que, traducido del inglés, dio lugar al término conocido hoy en día: **robot.**

DEFINICIÓN

Robot
Es una máquina automática programable capaz de realizar determinadas operaciones de manera autónoma y sustituir a los seres humanos en algunas tareas, en especial las pesadas, repetitivas o peligrosas; puede estar dotada de sensores, que le permiten adaptarse a nuevas situaciones.

La **robótica** en sí ha estado presente desde muchos años atrás, ya que el ser humano siempre ha tenido la necesidad de crear máquinas capaces de realizar su trabajo. Desde a. C., los seres humanos han ido construyendo instrumentos que le facilitasen la realización de sus tareas.

Los robots y los seres humanos deben trabajar codo con codo para conseguir realizar trabajos de forma rápida y eficaz.

En 1352 aparecería el gallo de la catedral de Estrasburgo, de autor desconocido. Ya en el año 1500, Leonardo da Vinci inventó el león mecánico; y en el siglo XVIII aparecerían varios inventos relacionados con la robótica. A continuación, puedes ver la evolución de la robótica desde aproximadamente el siglo XIV.

En el año **1738** Jaques de Vaucanson inventaría el pato, el flautista y el tamborilero. En los años comprendidos entre **1770** y **1773** Jaquet-Droz creó el escriba, la organista y el dibujante.

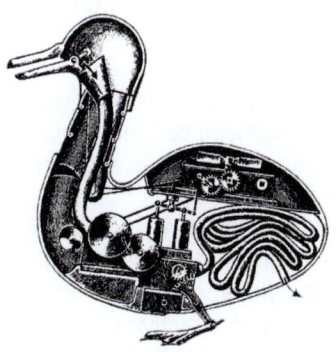

El pato de Vaucanson fue uno de los autómatas más increíbles de la época por su sofisticado sistema de funcionamiento.

En el año **1778** el barón W. von Kempelen inventó una máquina parlante. En el siglo XIX, concretamente en el año **1805**, H. Maillardet crea una muñeca capaz de dibujar. El siglo XX supondría la época donde se produce un gran avance de la robótica. En 1906 aparecería el Telekino; seis años más tarde, la máquina de jugar al ajedrez.

Como has visto antes, el año **1921 supondría el punto de inflexión** en el desarrollo de la robótica, ya que, por primera vez, se introduce el término *robot*.

A continuación, verás una **cronología** de los inventos comentados anteriormente:

- **1352.** Se trata del reloj medieval más famoso y más elaborado. Se mantuvo funcionando hasta el año 1789. Junto a él aparecían doce apóstoles, el gallo agitaba las alas, levantaba la cabeza y cacareaba tres veces.
- **1500.** Fue construido en honor a Luis XII. Cuenta la leyenda que, ante el rey, el león dio unos pasos, levantó una garra y se abrió el pecho para enseñar el escudo de armas del monarca. No se conservan planos de esta obra.
- **1738.** El pato constituye uno de los autómatas más famosos. Realizaba todo lo que un pato real hacía, comía, bebía, graznaba, movía las alas e incluso digería la comida. El flautista y el tamborilero eran figuras de 1,80 cm de altura; el flautista tocaba hasta doce melodías distintas gracias a una corriente de aire junto al movimiento de los labios.
- **1770-1773.** Estas tres máquinas funcionaban gracias a mecanismos de relojería basados en el uso de cadenas complejas de levas. El escriba (1770) cogía una pluma, la mojaba en tinta y podía escribir un texto de hasta cuarenta palabras; el dibujante (1773) realizaba dibujos de Luis XV; y la organista (1772) era una chica capaz de tocar el órgano igual que un ser humano.
- **1778.** Se trata de una muñeca de madera de 35 cm de alto sujetando una bandeja. Está programada para que, si se le coloca una taza de té en la bandeja, la muñeca camine hacia delante; si se le quita la taza, la muñeca se detiene y si vuelves a ponerle la taza, se da media vuelta y vuelve a su posición inicial.
- **1805.** Inicialmente era un niño de rodillas con un lápiz que podía escribir en inglés, francés e incluso dibujaba paisajes. Posteriormente se sustituyó por una mujer.
- **1906.** Se trata de un dispositivo para poder controlar a distancia barcos y dirigibles mediante ondas hertzianas.
- **1912.** Máquina que era capaz de jugar partidas de torre y rey contra rey. Para este tipo de partidas, se pueden dar una serie de reglas que aseguran jaque mate en un número determinado de movimientos.

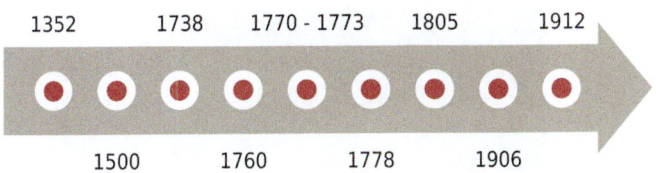

En **1945,** Isaac Asimov (considerado la persona que apostó fuertemente por el término *robot)* enunciaría las **tres principales leyes de la robótica,** las cuales siguen respetándose a día de hoy. Estas leyes lo que quieren evitar es que el robot se revele contra su creador. Estas leyes pueden verse a continuación:

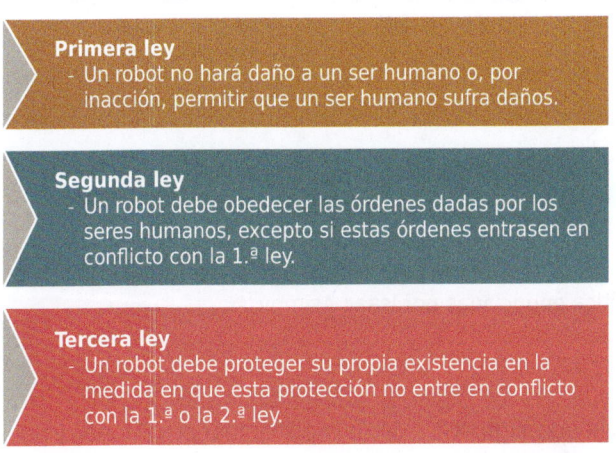

En **1951** aparecen en escena los **teleoperadores** o **telemanipuladores,** cuya función era la de manejar materiales radioactivos. Esto sería utilizado por Goertz en 1954 y por Bergsland en 1958. Un año después, se presenta un prototipo de una máquina de **control numérico.** En el año 1960 se introduce el primer robot **UTIMATE** por George Devol. Tres años después, en el Hospital Rancho Los Amigos se desarrolla el Rancho Arm.

En **1964** aparecerían los primeros laboratorios para el desarrollo de **inteligencia artificial.** En los siguientes tres años apareció el primer robot utilizado para pintar y la sonda Surveyor-3 llegaría a la Luna, realizando la toma de muestras mediante un **brazo robótico.** En el año 1978 aparecería el robot PUMA.

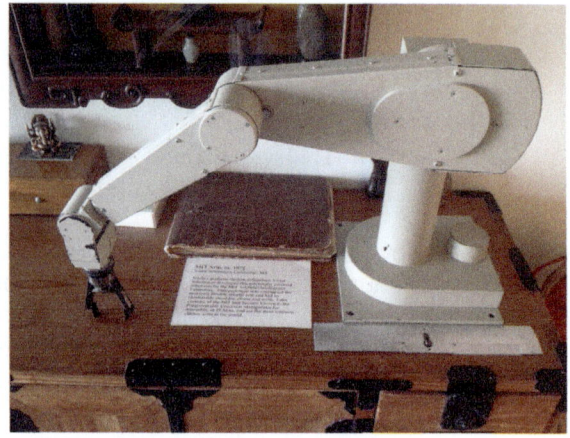

PUMA (Programmable Universal Machine for Assembly)
(© Fotografía: ArnoldReinhold Vía Web - CC BY-SA 4.0)

IMPORTANTE

Todo robot que se construye debe seguir de forma estricta las tres leyes de la robótica enunciadas por Isaac Asimov.

- -

A finales del **siglo XX,** marcas importantes como Honda y Sony contribuirían al desarrollo de la robótica, gracias al robot P-2 y el robot Aibo, respectivamente.

Aibo, robot que simula el comportamiento de un perro y juguete con gran aceptación comercial. (© Fotografía: quangmooo / Shutterstock.com)

A comienzos del siglo XXI, Honda vuelve a aparecer en escena con el lanzamiento del **robot ASIMO.** En 2013 se presenta el robot ATLAS.

A continuación, verás una cronología de los hechos más importantes a partir de **1921:**

- **1945.** El escritor americano Isaac Asimov publicó en la revista científica *Galaxy Science Fiction* las tres principales leyes de la robótica, las cuales siguen cumpliéndose actualmente.
- **1952.** La máquina de prototipo de control numérico funciona mediante un lenguaje de programación de piezas conocido como APT.
- **1960.** George Devol solicitó la patente en 1954, y en 1960 introdujo el primer robot UTIMATE. Este robot está basado en la transferencia de artículos programada. Se trata de un robot de transmisión hidráulica y utiliza los principios de control numérico.
- **1963.** Es un robot con forma de brazo humano y su objetivo era servir como brazo sustituto para personas discapacitadas.
- **1978.** Se comienza a comercializar el robot PUMA *(Programmable Universal Machine for Assembly)* basado en los diseños de Victor Scheinman. Utilizado para tareas de montaje por Unimation.
- **1996.** Honda presenta al robot humanoide P-2 capaz de andar por sí solo y de realizar algunas tareas básicas, como por ejemplo subir escaleras.
- **1999.** Sony saca al mercado un robot mascota en forma de perro llamado Aibo. Este robot causa gran furor, sobre todo, en niños.
- **2000.** Honda presenta un robot humanoide, denominado ASIMO, con el objetivo de ayudar a personas con movilidad reducida y también para animar a los jóvenes a estudiar ciencias y matemáticas.
- **2013.** La compañía norteamericana Boston Dynamics presenta ATLAS, un robot humanoide bípedo. Este robot tiene como función principal ayudar en tareas de búsqueda y rescate.
- **2014.** Se desarrolla el robot Baxter de Rethink Robotics. Baxter es un robot industrial diseñado para trabajar de forma segura junto a humanos en entornos de fabricación. Utiliza algoritmos de aprendizaje automático para adaptarse a diferentes tareas y entornos de trabajo.
- **2015.** Creación del robot Spot de Boston Dynamics. Se trata de un robot cuadrúpedo diseñado para la exploración y el trabajo en terrenos difíciles. Utiliza algoritmos de visión artificial y aprendizaje automático para navegar de manera autónoma y evitar obstáculos mientras se desplaza.
- **2016.** Se lanza el robot Pepper de SoftBank Robotics. Pepper es un robot humanoide diseñado para interactuar con humanos en entornos comerciales y domésticos. Utiliza inteligencia artificial para reconocer emociones faciales, comprender el lenguaje natural y adaptar su comportamiento en función de las interacciones con las personas.
- **2017.** Desarrollo del robot Sophia de Hanson Robotics. Sophia es un robot humanoide que utiliza inteligencia artificial para interactuar con

humanos de manera natural, reconocer rostros y expresiones faciales, y mantener conversaciones simples.

- **2018.** Nueva versión del robot Aibo. Esta nueva versión viene equipada con inteligencia artificial que puede reconocer comandos de voz, aprender de sus interacciones con humanos y desarrollar una personalidad única a lo largo del tiempo.
- **2019.** Empresas como Starship Technologies han desarrollado robots autónomos capaces de entregar paquetes en áreas urbanas y suburbanas, utilizando algoritmos de planificación de rutas y percepción del entorno.
- **2020.** Durante la pandemia de la COVID-19 se emplearon robots desinfectantes equipados con sistemas de desinfección ultravioleta para limpiar y desinfectar áreas públicas y hospitales, reduciendo el riesgo de propagación del virus.

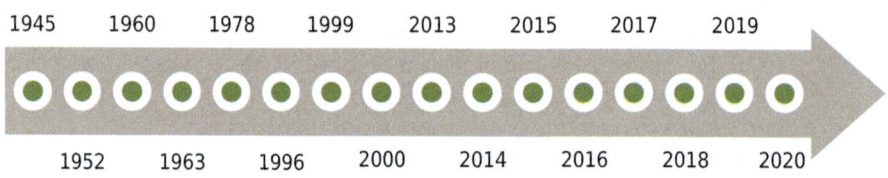

Actualmente la robótica ha avanzado mucho y se espera que aún pueda desarrollarse más, sobre todo **enfocada a hacer más fácil la vida a los seres humanos** y ayudar en tareas que son más complicadas para ellos.

 **NOTA**

Se espera mucho de las impresoras 3D y de los robots desarrollados para la medicina, sobre todo en operaciones o para sustituir miembros amputados de los seres humanos.

Aunque piensas que la robótica es algo de "mayores", te equivocas. Hoy en día, hay empresas dedicadas a la impartición de robótica educativa en colegios. Estos profesionales imparten clases a niños a partir de 5 años, donde enseñan a los alumnos a introducirse en la robótica jugando. Los niños, mediante los famosos LEGOS y piezas de movimiento como motor o sensores, pueden construir un pequeño robot, el cual puede moverse mediante un sencillo *software.*

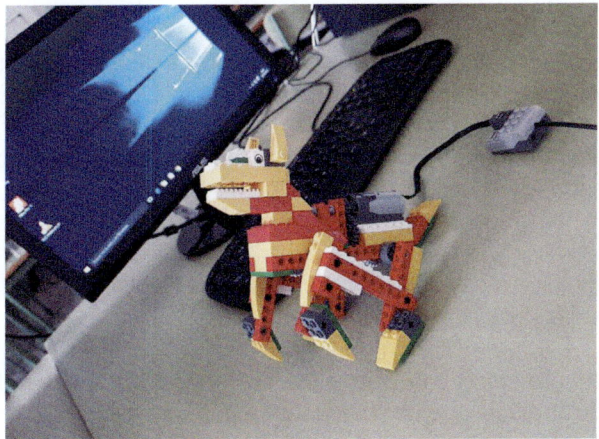

Perro construido con tecnología Lego por dos alumnas de Primaria en el colegio Calasancio de Córdoba

 ACTIVIDAD COMPLEMENTARIA

1. Busca varios inventos relacionados con la robótica.

3. Definición y clasificación del robot

 HILO CONDUCTOR

Francisco está ilusionado por ver cómo la robótica ha ido evolucionando y cómo puede servir de tanta ayuda a los seres humanos. Incluso está pensando dar clases de iniciación a la robótica al saber que hay empresas que se dedican a ello.

Ahora quiere desviarse de la robótica general y centrarse en la rama industrial, ya que es el campo que le interesa para dedicarse en un futuro.

Hoy en día la **robótica** ha avanzado mucho y **se ha extendido a diversos campos de aplicación,** y, aunque destaca en **talleres** y en **líneas de producción,** los robots están apareciendo cada vez más en lugares fuera de estos ámbitos.

Todas las definiciones oficiales de la robótica corresponden a robots utilizados en industrias para **procesos flexibles** de líneas de producción, es lo conocido como **robótica industrial.**

Es bastante complicado establecer una definición para **robot industrial,** sobre todo porque la robótica ha ido avanzando a grandes pasos y su definición ha sufrido bastantes actualizaciones.

La definición más utilizada y aceptada es la establecida por la Asociación de Industrias Robóticas (RAI).

La Organización Internacional de Estándares introduce el término de **grados de libertad.** Se puede encontrar una definición más completa, establecida por la Asociación Francesa de Normalización (AFNOR), donde primero se define el manipulador y, a partir de él, se define el robot.

 **DEFINICIÓN**

Industria robótica
Según la Asociación de Industrias Robóticas (RAI), un robot industrial es un manipulador multifuncional reprogramable, capaz de mover materias, piezas, herramientas o dispositivos especiales, según trayectorias variables, programadas para realizar tareas diversas.

Grados de libertad
Son cada una de las variables necesarias para obtener los movimientos de un cuerpo en el espacio. Puede haber un máximo de seis grados de libertad.

Tal y como recoge Víctor R. González *(Robots industriales),* según la AFNOR, un manipulador "es un mecanismo formado generalmente por elementos en serie, articulados entre sí, destinados al agarre y desplazamiento de objetos. Es multifuncional y puede ser gobernado directamente por un operador humano o mediante dispositivo lógico.

Por tanto, un robot es un manipulador automático servocontrolado, reprogramable, polivalente, capaz de posicionar y orientar piezas, útiles o dispositivos especiales, siguiendo trayectorias variables reprogramables, para la ejecución de tareas variadas".

☞ HILO CONDUCTOR

Ahora que Francisco sabe qué es la robótica industrial, quiere averiguar más sobre este tipo de robótica. Por tanto, va a investigar sobre los tipos de robots industriales, ya que está interesado en saber cómo funcionan y cómo se aplicarían en la industria.

Una vez comprendido lo que es un robot industrial, puedes pasar a ver los **tipos de robots** utilizados en la actualidad:

○ **Manipuladores.** Se trata de sistemas mecánicos multifuncionales, presentando un sistema de control capaz de gobernar el movimiento de sus elementos de la siguiente forma:

  ○ Manual: cuando el operario controla directamente.
  ○ De secuencia fija: se programa previamente y el proceso de trabajo se realiza en bucle de forma invariable.
  ○ De secuencia variable: se pueden alterar algunas características de los ciclos de trabajo.

○ **Robots de repetición o aprendizaje.** Un ser humano realiza mediante un controlador manual unos movimientos determinados y el robot ejecuta de forma exacta los mismos movimientos Este tipo de robots son de los más conocidos en el ámbito industrial.

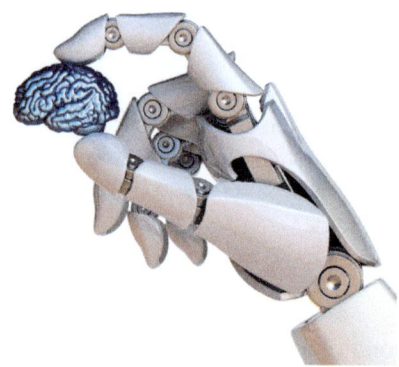

- ● **Robots con control por computador.** Se trata de sistemas mecánicos multifuncionales controlados por un microordenador. El operario humano introduce en el computador las órdenes a realizar mediante un lenguaje de programación específico, denominada textual. Este tipo de robots se van imponiendo en el mercado rápidamente, lo que exige la preparación urgente de personal cualificado, capaz de desarrollar programas similares a los de tipo informático.

- ● **Robots inteligentes.** Son muy similares a los robots con control por computador, ya que pueden relacionarse con el mundo exterior a través de sensores y tomar decisiones en tiempo real. Son poco conocidos comercialmente. La visión artificial, el sonido de máquina y la inteligencia artificial son las ciencias que más están investigando para su aplicación en los robots inteligentes.

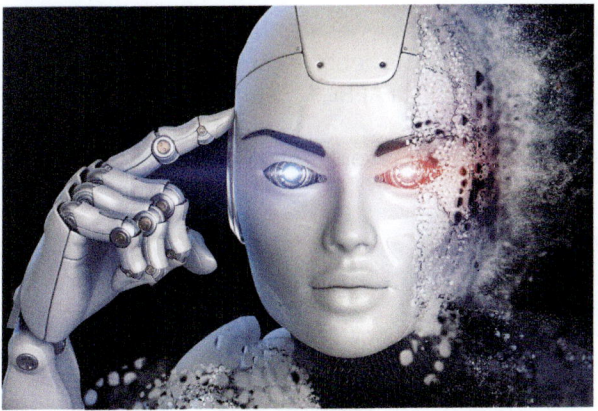

● **Microrrobots.** Este tipo de robots están orientados a la enseñanza, entretenimiento o investigación. Su funcionamiento se asemeja a robots con aplicación industrial.

 ACTIVIDAD COMPLEMENTARIA

2. Investiga y busca dos ejemplos de robot para cada uno de los tipos de robots que has visto.

Los robots que conocemos, al igual que las personas, no son todos iguales; las personas unas son más altas que otras, unas tienen un color distinto de piel, una constitución distinta o una edad u otra. Por tanto, **los robots tienen**

funciones diferentes a desarrollar dependiendo del ámbito para el que se crearon. Los robots deben estar clasificados, y pueden estarlo según generaciones o según la AFRI.

A continuación podrás ver las **dos tipos de clasificaciones:**

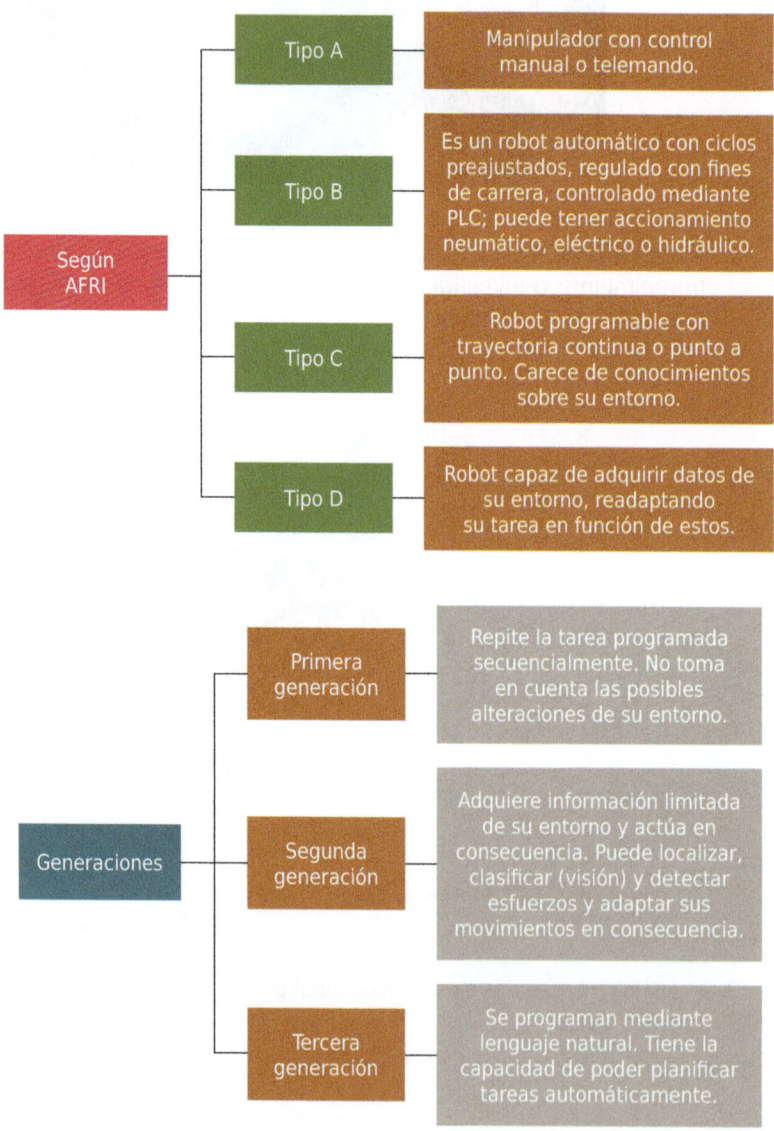

TAREA 1

Natalia, una compañera de clase de Francisco, ha estado investigando por su cuenta para realizar un pequeño trabajo y presentarlo en clase, pero no encuentra un invento sobre el que realizar dicho trabajo.

En función de estos datos, busca un invento para ayudar a Natalia, indica qué relación mantiene con otros inventos de la época, comprueba que cumple las tres leyes de la robótica y explica a qué tipo de robot pertenecería.

4. Resumen

La **robótica** siempre ha existido de algún modo u otro. Desde hace miles de años, los seres humanos han tenido que realizar diferentes tipos de esfuerzo para efectuar una tarea sencilla o forzosa, por tanto, le ha surgido la necesidad de crear un aparato o herramienta que le haga el proceso más sencillo.

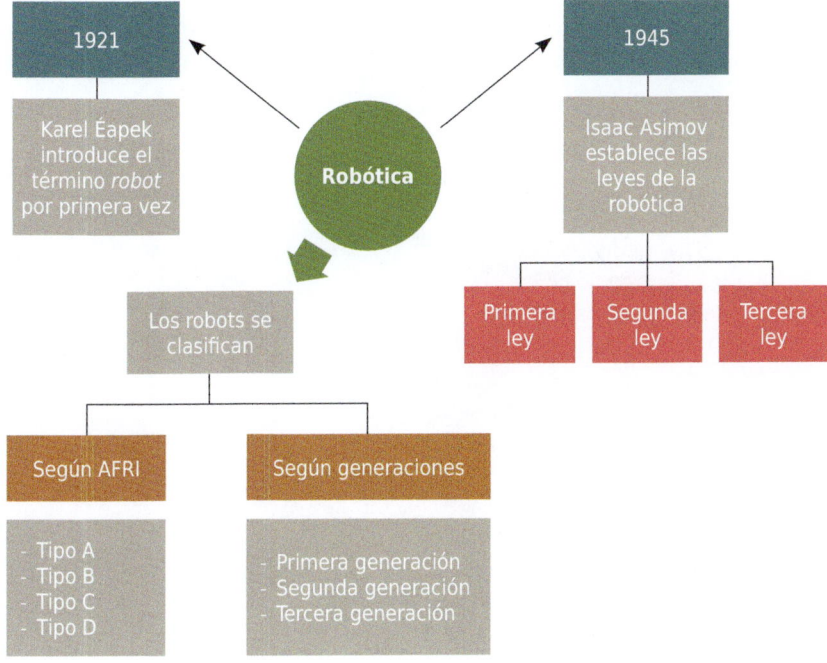

Ejercicios de autoevaluación
Unidad de Aprendizaje 1

1. ¿Por qué el ser humano consideraba que "otro" podría realizar sus propios trabajos?

    a. Porque creía que lo podía hacer en menor tiempo e incluso mejor.
    b. Porque no le daría tiempo y necesitaría ayuda.
    c. Porque quería dedicarse a hacer otro trabajo.
    d. Porque creía que lo podía hacer en más tiempo e incluso mejor.

2. ¿En qué año apareció el término robot por primera vez?

    a. 1920
    b. 1919
    c. 1922
    d. 1921

3. ¿Quién introdujo por primera vez el término robot?

    a. Isaac Asimov
    b. Da Vinci
    c. Karel Éapek
    d. G. C. Devol

4. ¿Qué apareció en el 1352?

    a. Gallo de la catedral de Estrasburgo
    b. Máquina parlante
    c. Máquina de vapor
    d. Roomba

5. ¿En qué año se inventó el león mecánico?

    a. 1600
    b. 1300
    c. 1500
    d. 1400

6. ¿Quién inventó la muñeca capaz de dibujar?

    a. H. Maillardet
    b. Da Vinci
    c. G. C. Devol
    d. J. Jaquard

7. ¿Quién estableció las Leyes de la robótica?

    a. Da Vinci
    b. Isaac Asimov
    c. Jaques De Vaucanson
    d. Karel Éapek

8. ¿Qué es un robot?

    a. Es una máquina automática programable capaz de realizar determinadas operaciones, de manera autónoma, y sustituir a los seres humanos en algunas tareas, en especial las pesadas, repetitivas o peligrosas; puede estar dotada de sensores, que le permiten adaptarse a nuevas situaciones.
    b. Es una máquina programable capaz de realizar determinadas operaciones, de manera autónoma, y sustituir a los seres humanos en algunas tareas, en especial las pesadas, repetitivas o peligrosas; puede estar dotada de sensores, que le permiten adaptarse a nuevas situaciones.
    c. Es una máquina automática programable capaz de realizar determinadas operaciones, de manera autónoma, y sustituir a los seres humanos en algunas tareas; puede estar dotada de sensores, que le permiten adaptarse a nuevas situaciones.
    d. Es una máquina automática programable incapaz de realizar determinadas operaciones, de manera autónoma, y sustituir a los seres humanos en algunas tareas, en especial las pesadas, repetitivas o peligrosas; puede estar dotada de sensores, que le permiten adaptarse a nuevas situaciones.

9. Determina si la siguiente oración es verdadera o falsa: "La robótica industrial es aquella aplicada a los robots utilizados en industrias para procesos flexibles de líneas de producción".

    ■ Verdadero
    ■ Falso

10. ¿Qué tipos de robots se han utilizado hasta la actualidad?

a. Manipuladores, robots de repetición y aprendizaje, robots inteligentes por computador y microrrobots.

b. Manipuladores, robots de repetición, robots de control, robots inteligentes y microrrobots.

c. Manipuladores, robots de repetición y aprendizaje, robots por control por computador, robots inteligentes y microrrobots.

d. Manipuladores, robots de repetición y aprendizaje, robots por control por computador, robots inteligentes y macrorrobots.

Acercamiento a la morfología del robot

Contenido

Objetivos

El objetivo general de esta Unidad de Aprendizaje es:

→ Aprender la morfología de un robot.

Los objetivos específicos de esta Unidad de Aprendizaje son:

→ Diferenciar las partes que componen un robot.

→ Identificar las transmisiones y reductores.

→ Conocer actuadores, sensores internos y elementos terminales.

1. Introducción

Un robot, al igual que un ser humano, puede dividirse en partes, es decir, cabeza, brazos, tronco y extremidades, aunque este curso está orientado a la robótica industrial, por tanto, verás robots normalmente con forma de brazo humano, los cuales se utilizan para mover piezas o realizar otras funciones como pintar o soldar.

Anteriormente has visto que los robots fabricados para desempeñar funciones en aplicaciones industriales suelen ser brazos robóticos. Por ello, verás las partes que conforman un robot industrial.

Un robot industrial está formado por su estructura mecánica, transmisiones, sistemas de accionamiento, sistema sensorial, sistema de control y elementos terminales.

En esta unidad comenzaremos viendo de forma introductoria la estructura mecánica, para centrarnos en las transmisiones, los reductores, actuadores, sensores internos y elementos internos.

Para una mejor comprensión, seguiremos centrándonos en Francisco, alumno de Grado en Ingeniería Electrónica Industrial en la Universidad de Córdoba.

2. Conocimiento acerca de la estructura mecánica de un robot

☞ **HILO CONDUCTOR**

Francisco ha aprendido mucho sobre la robótica en general, pero ahora quiere centrarse más en el aspecto industrial. Por ello, ahora quiere saber cómo funciona un robot industrial y realizar una pequeña maqueta, pero antes necesita saber cómo está formado un robot industrial.

El robot industrial, en la mayoría de los casos, tiene un **gran parecido a la forma de un brazo humano.** Se usa para realizar tareas que podría hacer un ser humano, pero tendría riesgo físico en su brazo. Por ello el robot industrial es como un brazo humano, con el objetivo de realizar la misma función y así evitar cualquier daño físico.

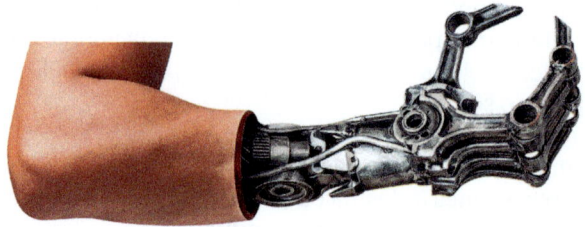

Similitud entre brazo humano y brazo robótico

NOTA

El robot industrial está formado por unos eslabones que se encuentran unidos mediante articulaciones. Estas articulaciones y los eslabones permitirán una similitud exacta con el brazo humano.

Una **articulación** puede realizar movimientos independientes. Cada movimiento que realice de forma independiente al anterior se denomina **grado de libertad.** Este término te será muy útil a lo largo de esta unidad.

Los **movimientos** que puede realizar una articulación son los siguientes:

Movimientos que puede realizar un robot industrial

Rótula.
(tres grados de libertad)

Planar.
(dos grados de libertad)

Tornillo.
(un grado de libertad)

Prismática.
(un grado de libertad)

Rotación.
(un grado de libertad)

Cilíndrica.
(dos grados de libertad)

Los **robots industriales** normalmente suelen programarse para que usen solamente **dos tipos de articulaciones** de las que has visto anteriormente: la **prismática** y la de **rotación.** Cada una de ellas presenta un **grado de libertad (GDL).** Los **GDL** de un robot suele coincidir con el número de articulaciones que lo componen.

RECUERDA

Los grados de libertad son cada una de las variables necesarias para obtener los movimientos de un cuerpo en el espacio. Puede haber un máximo de seis grados de libertad.

Para que el **robot pueda disponer de total libertad de movimientos** harían falta **obtener 6 GDL** (3 GDL para definir la posición y 3 GDL para definir la orientación).

Dependiendo de las necesidades para realizar un proceso, hará falta un tipo de robot. Ese tipo de robot se consigue mediante la combinación de las articulaciones que has visto anteriormente hasta conseguir un robot que se adapte y pueda realizar la función deseada de una forma correcta.

SABÍAS QUE...

Hay ocasiones donde los robots se encuentran con un obstáculo que les impide realizar su función, por tanto, se le añade un GDL más y presentan entonces más de seis GDL. A estos robots se les denomina redundantes.

A continuación, verás **robots con las configuraciones más frecuentes** para realizar funciones industriales:

Cartesiano
- Este tipo de configuración es frecuente en **grandes lugares de trabajo.** Presenta tres ejes en los cuales se realiza el movimiento de forma lineal.

Cilíndrico
- Este tipo de configuración es más frecuente en **lugares de trabajo redondos.** Presenta tres ejes, un eje rotacional en la base y dos ejes lineales perpendiculares.

Esférico
- Este tipo de configuración presenta **tres ejes, dos rotacionales** y **uno lineal,** lo que le permite al robot poder apuntar en varias direcciones.

Angular
- Este tipo de configuración presenta **tres ejes rotacionales.** Es el robot **más parecido a un brazo humano,** imitando el hombro, codo y la muñeca.

SCARA
- Este tipo de configuración presenta **tres ejes, dos rotacionales** y **uno lineal.** Los movimientos rotacionales se consiguen gracias a los eslabones que unen las piezas del robot, y el movimiento lineal se consigue en la punta del robot.

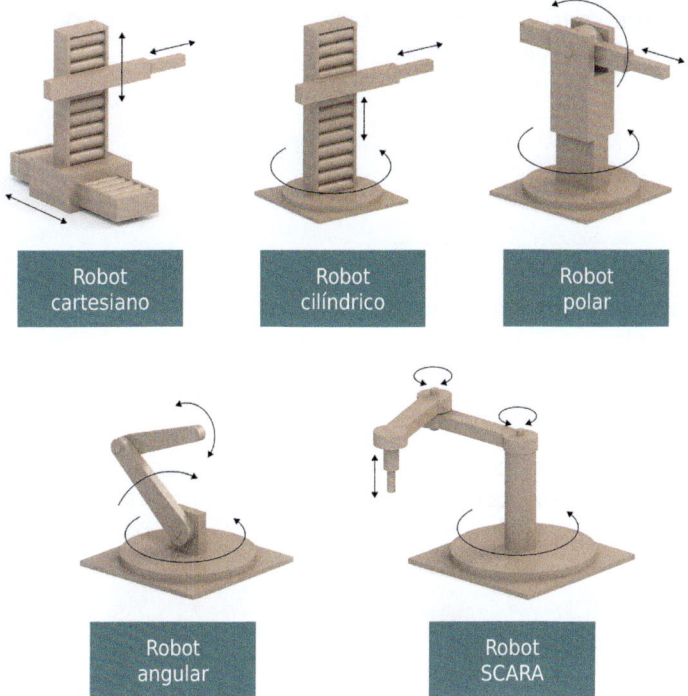

ACTIVIDAD COMPLEMENTARIA

3. Busca ejemplos de cada configuración de robots en la industria y descríbelos.

- -

2.1. Uso de transmisiones y reductores

Una vez has visto la estructura mecánica de un robot industrial, vas a centrarte en los **transmisores** y **reductores.** Primero vas a comenzar a ver los transmisores.

Los robots industriales tienen que mover su extremo a unas aceleraciones elevadas, por tanto, lo primero debe ser reducir al máximo su momento de inercia. **Por tanto, es necesario que los actuadores deban estar lo más cerca de la base del robot,** *lo que obliga a la utilización de sistemas de transmisión para poder trasladar el movimiento hasta las articulaciones. (BARRIENTOS, A., 2007).*

Los **transmisores** se pueden utilizar para la conversión de movimiento **circular-lineal** o **lineal-circular.**

 **DEFINICIÓN**

Transmisores
Son elementos encargados de transmitir el movimiento desde los actuadores hasta las articulaciones.

Para su correcto funcionamiento, los transmisores deben cumplir una serie de **requisitos** para poder ser un buen transmisor, estos los verás a continuación:

Tamaño y peso reducido **+** Evitar holguras **+** Transmisiones con gran rendimiento **=** Transmisor ideal

Se puede decir que no existe un modelo de transmisor específico para los robots, pero sí se puede realizar una clasificación según los más utilizados.

A continuación, verás los **sistemas de transmisión** más utilizados en los robots:

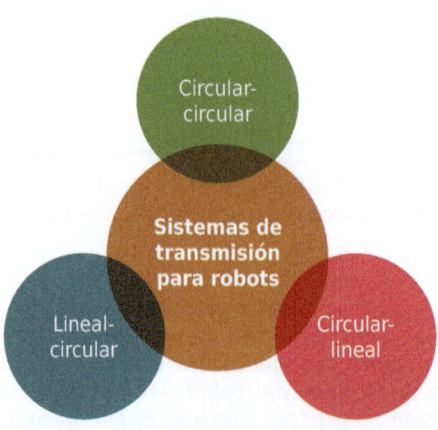

Circular-circular

Sistemas de transmisión para robots

Lineal-circular

Circular-lineal

 **VÍDEO**

A continuación, verás diferentes vídeos con los sistemas de transmisión que has visto:

https://redirectoronline.com/fmem009po0201

https://redirectoronline.com/fmem009po0202

https://redirectoronline.com/fmem009po0203

 **NOTA**

Los transmisores utilizados en un robot no pueden afectar al movimiento que transmite y deben soportar un funcionamiento continuo a un par elevado.

A continuación vas a pasar a ver los **reductores.** De forma opuesta a lo que has podido ver sobre los transmisores, existe un modelo específico de reductores para los robots, ya que los reductores deben tener una alta precisión y velocidad de posicionamiento. Por tanto, al tener que cumplir esas dos exigencias de una forma tan exigente, los reductores se limitan a esas dos características.

DEFINICIÓN

Reductores
Son los encargados de adaptar el par y la velocidad de salida del actuador a los valores adecuados para el movimiento de los elementos del robot.

- -

Al igual que en los transmisores, los reductores buscan cumplir unos requisitos necesarios para poder ser un buen reductor. Estos **requisitos** los vas a ver a continuación:

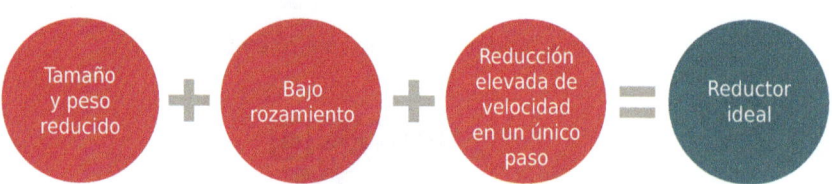

SABÍAS QUE...

Debido a su diseño, los reductores tienen una velocidad admisible, la cual va aumentando conforme va disminuyendo el tamaño del motor.

- -

Los **reductores** aplicados en la robótica presentan una serie de **características** que vas a ver a continuación:

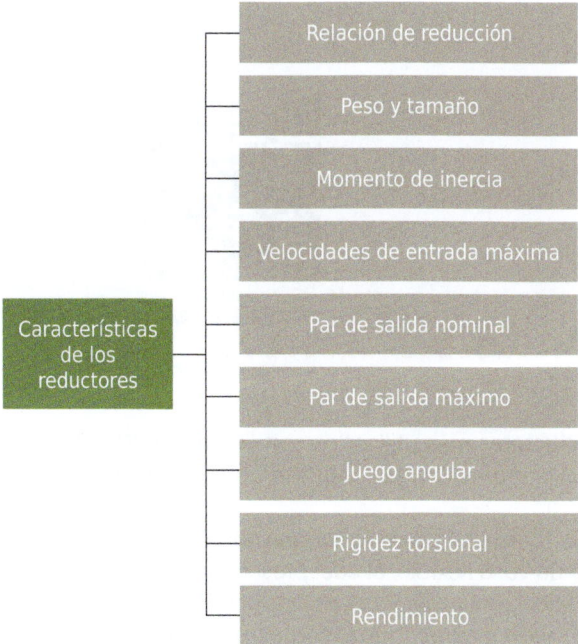

Los reductores deben soportar pares elevados puntuales, **un juego angular** lo menor posible y poseer una alta rigidez torsional.

 **DEFINICIÓN**

Juego angular
Es el ángulo que gira el eje de salida cuando se cambia su sentido de giro sin que llegue a girar el eje de entrada.

📽 **VÍDEO**

A continuación, verás un vídeo de un reductor de alta precisión, por tanto, con un juego angular mínimo:

Continúa en página siguiente >>

<< Viene de página anterior

https://redirectoronline.com/fmem009po0204

Los reductores más utilizados son **HDUC** y **CYCLO** fabricados por las empresas Harmonic Drive y Cyclo-Getriebebau, respectivamente.

Los **HDUC** están formados por una corona exterior rígida con un dentado interior y un vaso flexible, el cual presenta un dentado exterior que se une con el primero. Dentro del vaso hay colocado un rodamiento elipsoidal que deforma el vaso, provocando el contacto la corona exterior con la zona del vaso.

Para una mayor comprensión, verás **dos imágenes** de este tipo de reductor, donde se ve cómo está compuesto. En estas imágenes, el dentado interior se denomina **circular** *spline;* el **vaso flexible,** *flexspline;* y el **rodamiento elipsoidal,** *wave generator.*

Reductor HDUC desmembrado

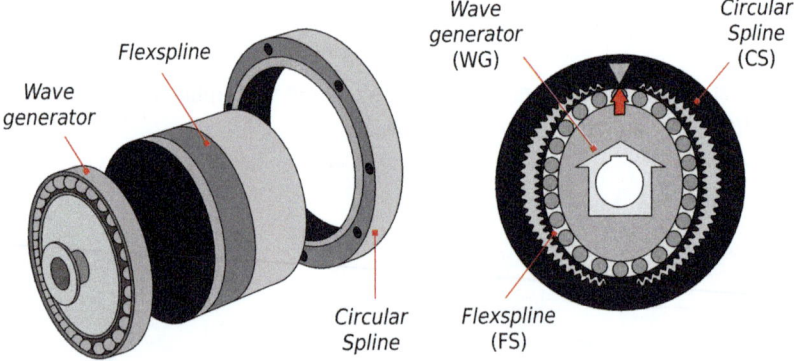

NOTA

En el reductor HDUC se consiguen reducciones de hasta 320, una holgura casi nula y una capacidad de transmisión de par de 5.720 Nm.

A continuación vas a ver el siguiente tipo de reductor más utilizado en los robots: los **CYCLO.**

Este tipo de reductor está basado en el **movimiento cicloidal de un disco de curvas,** el cual se mueve gracias a una excéntrica solidaria al árbol de entrada. Por cada revolución que hay, el disco de curvas adelanta un saliente rodando sobre unos rodillos que se encuentran en el exterior. Este adelantamiento arrastra a su vez a los pernos del árbol de salida. La componente de traslación angular de este movimiento corresponde con la rotación del árbol de salida, por tanto, la relación de reducción viene determinada por el número de salientes.

Podrás ver lo anteriormente explicado en la siguiente imagen:

Reductor CYCLO desmembrado

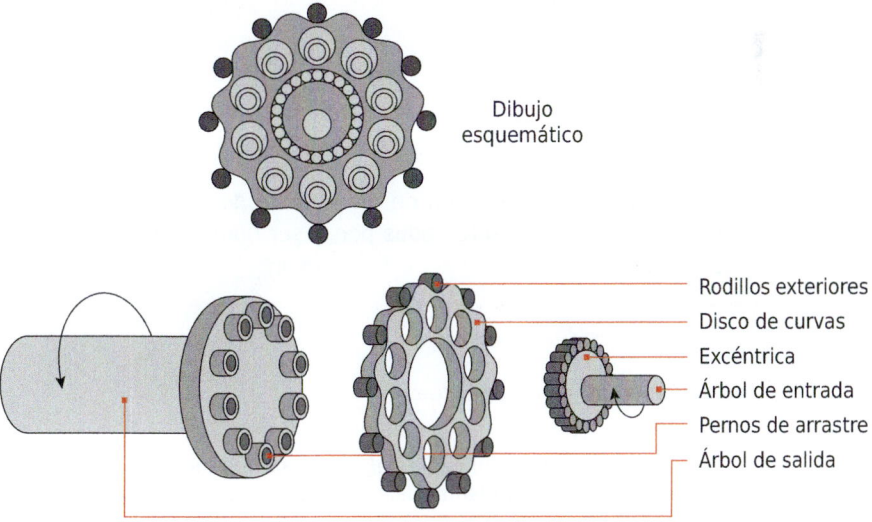

Dibujo esquemático

Rodillos exteriores
Disco de curvas
Excéntrica
Árbol de entrada
Pernos de arrastre
Árbol de salida

NOTA

Si se quiere compensar los momentos de flexión y de las masas de cada disco, generalmente se utilizan dos discos desfasados entre sí 180°.

2.2. Uso de actuadores

☞ HILO CONDUCTOR

Francisco ha ido aprendiendo mucho sobre el tipo de movimiento de los robots y cómo está formado. Ahora quiere seguir viendo otras partes del robot que puedan generar movimiento.

En este punto verás otros tres elementos del robot que son capaces de generar movimiento. Estos son los **actuadores, sensores internos** y los **elementos terminales.**

DEFINICIÓN

Actuadores
Tienen como objetivo la generación de movimiento de elementos del robot según unas órdenes previamente dadas por el ser humano a través de una unidad de control.

Para comenzar, verás los actuadores:

Los actuadores son una parte fundamental, ya que son los encargados de generar movimiento en los demás elementos del robot. Los actuadores empleados en los robots pueden utilizar energía neumática, hidráulica o eléctrica.

(BARRIENTOS, A., 2007).

Según una serie de **características** se escogerá un actuador u otro. Las características que van a determinar qué tipo de actuador elegir son:

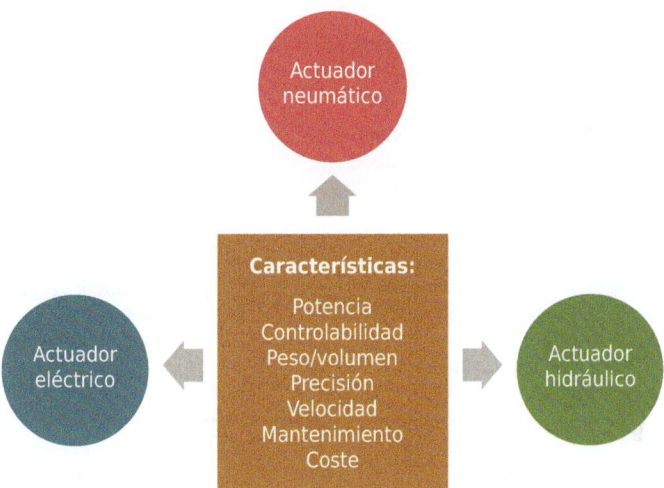

Actuadores neumáticos

En los actuadores neumáticos podrás encontrar **dos tipos**: los cilindros neumáticos y los motores neumáticos.

 **NOTA**

La fuente de energía de los actuadores neumáticos es la presión, la cual va entre 5 y 10 bares.

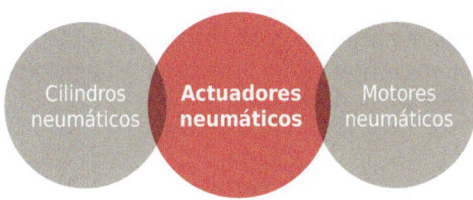

Los **actuadores neumáticos** presentan ciertas **ventajas** e **inconvenientes,** que puedes ver a continuación:

Ventajas	Inconvenientes
- Actuador más económico - El aire comprimido puede almacenarse y transportarse fácilmente - Aire comprimido limpio - Muy confiables y ayudan a reducir los costos de mantenimiento - Acción y respuesta rápida - Sistemas compactos - Control sencillo	- El control de la precisión en velocidad y posición no es fácil de lograr - Si se usan topes mecánicos, se produce una reanudación lenta del sistema - No pueden mover cargas pesadas bajo control preciso - La presencia de humedad puede ocasionar daños en los componentes individuales

Actuadores hidráulicos

Los **actuadores hidráulicos** y los **actuadores neumáticos** no son tan diferentes. Tan solo se diferencian en que los actuadores neumáticos usan como alimentación para funcionar la presión del aire y los actuadores hidráulicos emplean aceites minerales.

NOTA

Los aceites minerales usados para los actuadores hidráulicos tienen una presión comprendida entre 50 y 100 bares.

Este tipo de aceite tiene un grado de compresibilidad inferior al aire, lo que ocasiona una mayor precisión. Gracias a las presiones tan altas, puede desarrollar fuerzas y pares elevados.

Los actuadores hidráulicos presentan ciertas **ventajas** e **inconvenientes,** que puedes ver a continuación:

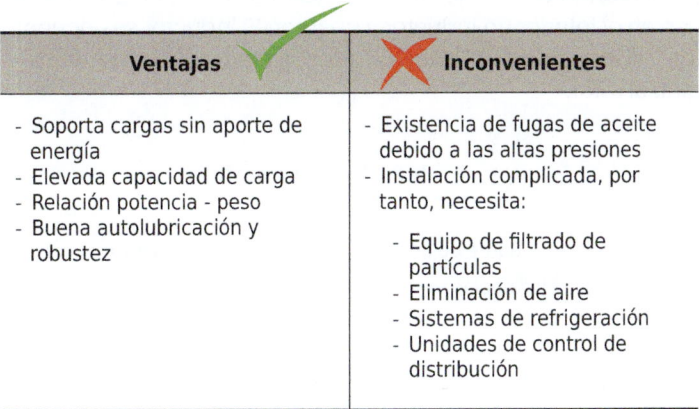

Ventajas ✓	Inconvenientes ✗

- Soporta cargas sin aporte de energía
- Elevada capacidad de carga
- Relación potencia - peso
- Buena autolubricación y robustez
	- Existencia de fugas de aceite debido a las altas presiones
	- Instalación complicada, por tanto, necesita:
	  - Equipo de filtrado de partículas
	  - Eliminación de aire
	  - Sistemas de refrigeración
	  - Unidades de control de distribución

 EJEMPLO

Este tipo de accionamiento se ha usado en robots como UTIMATE 2000 y UTIMATE 4000, los cuales pueden soportar 70 y 205 kg respectivamente.

Actuadores eléctricos

Este tipo de actuador **es el más utilizado** en los robots debido a su:

A continuación, vas a ver los **tres tipos de actuadores eléctricos.** Estos son:

- ➲ Motores de corriente continua (DC).
- ➲ Motores de corriente alterna (AC).
- ➲ Motores paso a paso.

Nos centraremos en los más utilizados: los motores **DC** y los motores **paso a paso.**

Los **motores DC** son los más empleados en el mercado. Estos motores tienen en el interior un inductor y un rotor. El inductor se encuentra en el estator, y el inducido en el rotor. El inductor crea un campo magnético que hace girar al rotor.

Inductor y sus partes

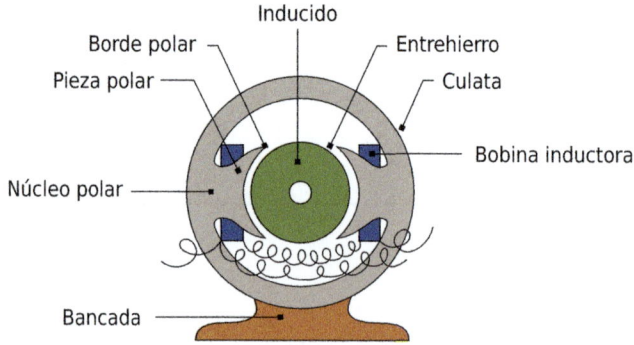

Los **motores paso a paso** son los motores más ligeros con una potencia y precisión bajas. En su interior tienen un rotor el cual va girando pequeños grados para conseguir que funcione el motor.

Rotor

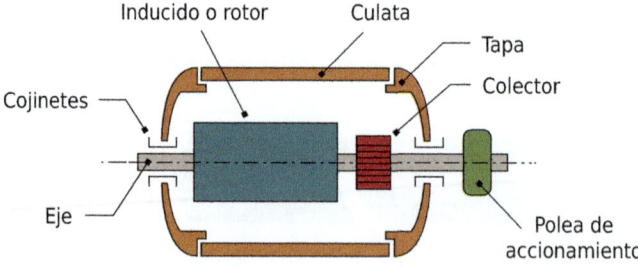

Los actuadores eléctricos presentan ciertas **ventajas** e **inconvenientes,** que puedes ver a continuación:

Ventajas ✓	Inconvenientes ✗
- Amplia disponibilidad - Alta eficiencia en la conversión de energía - Silenciosos y limpios - Fácil mantenimiento - Componentes estructurales ligeros	- Requieren la incorporación de algún tipo de sistema de transmisión mecánica - La complejidad del sistema de transmisión implica costes adicionales - Los motores eléctricos no son intrínsecamente seguros

2.3. Uso de sensores internos

Los **sensores internos** son aquellos encargados de conseguir que un robot realice su tarea con una adecuada **precisión, velocidad** e **inteligencia.**

A continuación vas a ver un esquema donde se pueden ver los diferentes **sensores internos** que pueden tener los robots:

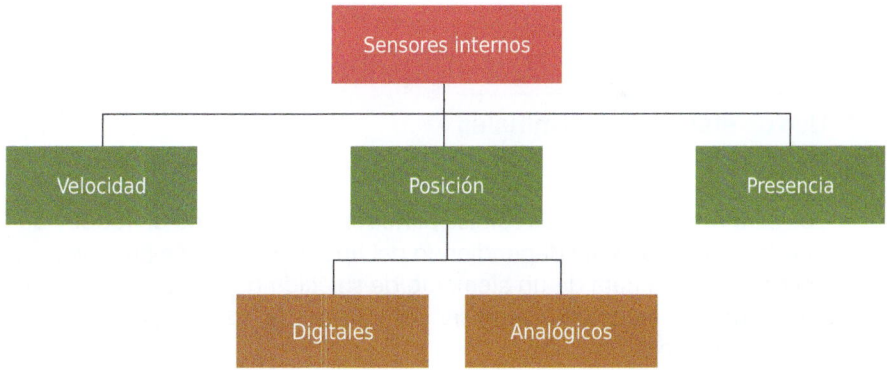

Los sensores internos que más se utilizan según su tipología son los *encoders, sincro-resolver, inductosyn* o LVDT (posición); *tacogeneratriz* (velocidad); óptico, capacitivo o contacto (presencia).

Los sensores internos se utilizan para detectar posición, velocidad y presencia.

🛠 APLICACIÓN PRÁCTICA

Francisco va a construir un pequeño robot que quiere que presente una velocidad limitada y que pueda detectar obstáculos, pero no sabe qué sensor o sensores debería utilizar. ¿Podrías ayudarle?

Solución

Para poder controlar la velocidad le haría falta colocar un sensor interno de velocidad, y para detectar obstáculos debería utilizar un sensor interno de presencia.

2.4. Uso de elementos terminales

Los **elementos terminales** son las partes en las que acaba un robot y que pueden variar su forma dependiendo del tipo de trabajo. Se pueden clasificar según si se trata de un elemento de sujeción o una herramienta. Los **elementos de sujeción** suelen ser unas pinzas que sirven para agarrar y sostener objetos.

📎 DEFINICIÓN

Elementos terminales
Son los encargados de interaccionar directamente con el entorno del robot.

Se deben tener en cuentas varios factores a la hora de escoger un tipo de pinza para un robot. Estos factores serán en función de la pinza y del tipo de objeto, los cuales verás en el siguiente esquema:

Tipo de objeto	Pinza
- Peso - Forma - Tamaño objeto - Fuerza necesaria para agarrarlo y sujetarlo	- Peso - Equipo de accionamiento - Capacidad de control

 SABÍAS QUE...

El actuador neumático es el más utilizado por su simplicidad, precio y fiabilidad. En ocasiones también se ha empleado accionamiento eléctrico.

Quizá un robot no se fabrique para manipular objetos, sino para realizar tareas, por lo que utilizan como elemento terminal una **herramienta.** Según para qué tarea a desempeñar se fabrique el robot, tendrá una herramienta u otra.

 EJEMPLO

Pinza de soldadura por puntos, soplete de soldadura, atornillador y pistola de pintura son algunas de las herramientas más utilizadas por los robots industriales.

Continúa en página siguiente >>

<< Viene de página anterior

Robot de pintura de coches

 TAREA 2

Natalia y Francisco quieren construir un pequeño robot que les permita coger pequeños objetos para así comprender mejor cómo funciona un robot y cómo está estructurado. Su idea es un pequeño brazo robótico capaz de coger objetos como latas, gomas, etc.

Con estos datos debes ver qué transmisiones y reductores deberían escoger, así como los actuadores, sensores internos y elementos terminales.

---

3. Resumen

En robótica industrial los robots tienen una gran similitud con los brazos humanos; son los conocidos como brazos robóticos. Estos brazos robóticos son creados para realizar diferentes tareas como pintar o coger objetos. Para poder realizar esto, primero hay que dotarlos de un sofisticado mecanismo para poder reproducir de manera exacta el movimiento de un brazo humano.

El mecanismo de un robot consta de cinco partes: transmisores, reductores, actuadores, sensores internos y elementos terminales.

Los transmisores son elementos encargados de transmitir el movimiento desde los actuadores hasta las articulaciones. En los transmisores se pueden encontrar tres tipos de transmisión:

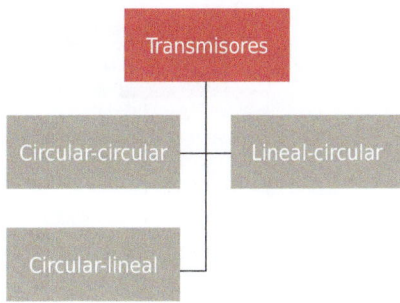

Los reductores son los encargados de adaptar el par y la velocidad de salida del actuador a los valores adecuados para el movimiento de los elementos del robot. Los reductores se simplifican en dos:

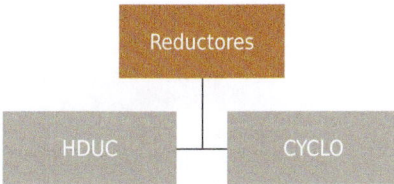

Los actuadores tienen como objetivo la generación de movimiento de elementos del robot según unas órdenes previamente dadas por el ser humano a través de una unidad de control. Los actuadores son de tres tipos:

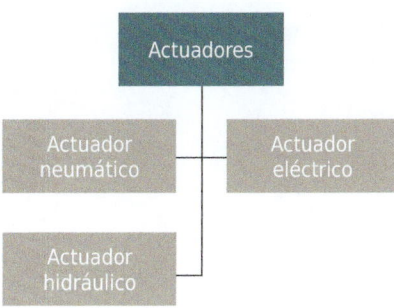

Los sensores internos son aquellos encargados de conseguir que un robot realice su tarea con una adecuada precisión, velocidad e inteligencia. Hay tres tipos de sensores internos:

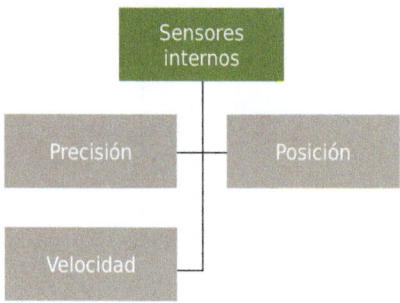

Los elementos terminales son los encargados de interaccionar directamente con el entorno del robot. Los elementos terminales los podemos clasificar en dos:

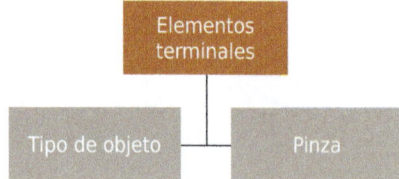

Ejercicios de autoevaluación
Unidad de Aprendizaje 2

1. ¿A qué suele parecerse un robot industrial?

a. Pierna humana
b. Cepillo
c. Ser humano
d. Brazo humano

2. Un robot industrial está constituido por:

a. Eslabones unidos mediante articulaciones, los cuales permitirán un movimiento absoluto entre cada dos eslabones consecutivos.
b. Eslabones unidos mediante articulaciones, los cuales permitirán un movimiento relativo entre cada dos eslabones consecutivos.
c. Eslabones unidos mediante articulaciones, los cuales permitirán un movimiento absoluto entre cada eslabón.
d. Eslabones unidos mediante articulaciones rotativas, los cuales permitirán un movimiento absoluto entre cada dos eslabones consecutivos.

3. ¿Qué dos tipos de articulaciones suelen utilizarse?

a. Planar y cilíndrica.
b. Prismática y rotación.
c. Tornillo y rotación.
d. Rotación y planar.

4. Para que un robot pueda mover su extremo a aceleraciones elevadas, ¿qué se debe reducir?

a. Momento de inercia
b. Momento relativo
c. Campo magnético
d. Campo inductivo

5. Determina si la siguiente oración es verdadera o falsa: "Los transmisores utilizados en un robot no pueden afectar al movimiento que transmite".

- Verdadero
- Falso

6. ¿Qué se entiende por reductor?

a. Los reductores son los encargados de adaptar el impar y la velocidad de salida del actuador a los valores adecuados para el movimiento de los elementos del robot.
b. Los reductores son los encargados de adaptar el par y la aceleración de entrada del actuador a los valores adecuados para el movimiento de los elementos del robot.
c. Los reductores son los encargados de adaptar el par y la velocidad de salida del actuador a los valores adecuados para el movimiento de los elementos del robot.
d. Los reductores son los encargados de adaptar el par y la velocidad de entrada del actuador a los valores adecuados para el movimiento de los elementos del robot.

7. ¿Cuáles son los actuadores que pueden implantarse en un robot?

a. Actuador neumático, actuador reductor y actuador hidráulico.
b. Actuador electrónico, actuador eléctrico y actuador hidráulico.
c. Actuador eléctrico, actuador reductor y actuador hidráulico.
d. Actuador neumático, actuador eléctrico y actuador hidráulico.

8. ¿Qué tipos de configuraciones de robot hay?

a. Cartesiano, cilíndrico, esférico, angular y SCARA.
b. Cartesiano, cilíndrico, esférico y angular.
c. Cartesiano, rotacional, esférico, angular y SCARA.
d. Prismático, cilíndrico, esférico, angular y SCARA.

9. Determina si la siguiente oración es verdadera o falsa: "Los actuadores hidráulicos presentan fugas de aceite debido a las altas presiones".

- Verdadero
- Falso

10. Determina si la siguiente oración es verdadera o falsa: "Los elementos terminales pueden interactuar de forma indirecta con el entorno del robot".

- Verdadero
- Falso

Utilización de las herramientas matemáticas para la localización espacial

Contenido

Objetivos

El objetivo general de esta Unidad de Aprendizaje es:

→ Estudiar las diferentes herramientas matemáticas que permiten conocer la localización espacial en la robótica industrial.

Los objetivos específicos de esta Unidad de Aprendizaje son:

→ Conocer cómo se representa la posición de un objeto.

→ Diferenciar la matriz de transformación homogénea y los cuaternios.

→ Saber la relación y comparación entre los diferentes métodos de localización espacial.

1. Introducción

Como sabes, un robot industrial por regla general es parecido a un brazo humano. Este robot necesita realizar un movimiento espacial para poder realizar tareas como pintar un coche o coger piezas.

Para que un robot pueda coger una pieza, este necesita conocer la posición de la misma y su orientación con respecto a su propia base para poder realizar la función de cogerla. Para conocer estos datos se utilizan herramientas matemáticas. Por tanto, en esta unidad comenzarás viendo la representación de la posición de la pieza. Seguirás con la matriz de transformación homogénea; a continuación verás cómo se aplican los cuaternios en el robot industrial; y finalizarás viendo la relación entre los distintos métodos de localización espacial.

Para esta unidad seguirás centrándote en el caso de Francisco, que continúa investigando para poder realizar su trabajo final de curso.

2. Representación de la posición

 HILO CONDUCTOR

Francisco, una vez vistos los tipos de robots que existen y sus grados de libertad, ha decidido que su maqueta tenga la forma de un brazo humano para que pueda coger piezas. Por tanto, necesita saber cómo calcular las coordenadas necesarias para que el robot pueda coger una pieza.

Para que un robot pueda coger un objeto necesita saber su posición en el espacio. Esta viene determinada de dos formas: en el **plano** o en el **espacio tridimensional.** La pieza a coger viene determinada por sus puntos en el espacio, es decir, por sus coordenadas. Las **coordenadas** vienen dadas por los grados de libertad que presenta el objeto. En el plano hacen falta dos coordenadas, y en espacio tridimensional, tres coordenadas.

Para poder determinar la posición de la pieza, se utilizan varios **métodos de coordenadas,** los cuales puedes ver en el siguiente esquema:

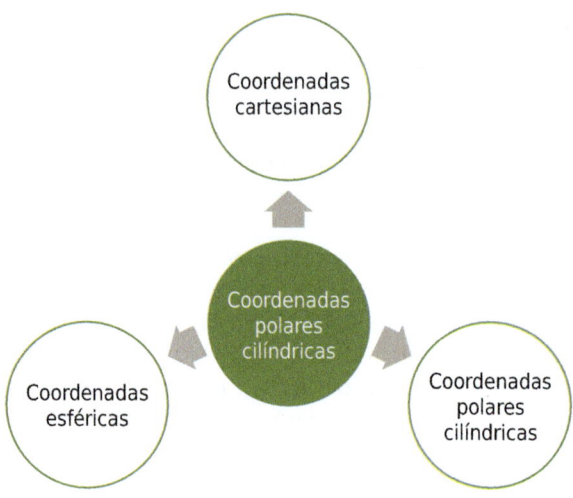

2.1. Coordenadas cartesianas

Ahora que has repasado lo que es un sistema de ejes cartesianos, estés preparado para poder ver los diferentes sistemas de coordenadas.

Primero comenzarás viendo los sistemas de coordenadas cartesianas.

Cuando vas a representar un punto en un sistema de **ejes cartesianos,** lo puedes representar en el **plano** o en el **espacio.** Si lo haces sobre el plano, el punto tendrá dos coordenadas, la coordenada **x** y la coordenada **y,** mientras que en el espacio el punto representado tendrá tres coordenadas, la coordenada x, la coordenada y, la coordenada z. La posición de ese punto viene determinada por dichas coordenadas, conocidas como coordenadas cartesianas.

Coordenadas cartesianas x, y

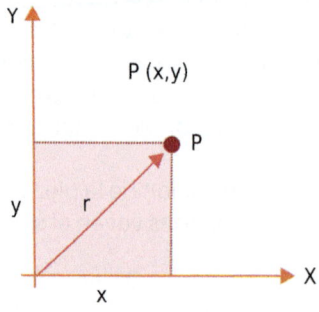

Coordenadas cartesianas x, y, z

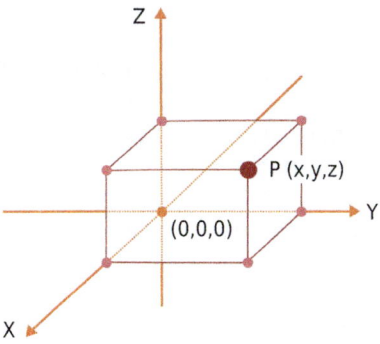

2.2. Coordenadas esféricas

Ahora vas a pasar a ver los sistemas de **coordenadas esféricas.**

Este tipo de coordenadas se utiliza para localizar una pieza en el espacio, es decir, presentan tres coordenadas. Un punto en el espacio con coordenadas esféricas vendrá dado por las coordenadas (r, θ, φ), donde r es la distancia desde el origen hasta el final del vector, θ es el ángulo formado por la proyección del vector sobre el plano OXY con el eje OX, y φ es el ángulo formado por el vector sobre el plano OZ.

Coordenadas esféricas r, ν, φ

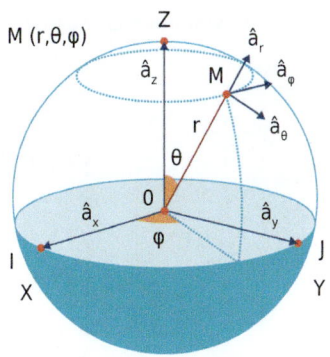

2.3. Coordenadas polares y cilíndricas

Por último, vas a ver las coordenadas **polares** y **cilíndricas.**

Las coordenadas polares pueden utilizarse sobre el plano y las coordenadas cilíndricas en el espacio.

Sobre plano, en las coordenadas polares el punto tendrá dos coordenadas (r, θ), donde r es la distancia desde el origen hasta el extremo del vector, y θ es el ángulo formado por el vector en el plano OX. Por otro lado, en el espacio, en las coordenadas polares el punto tendrá tres coordenadas (r, θ, z). Como puedes ver, las dos primeras coordenadas son las mismas que en las polares y z es la proyección del vector sobre el plano OZ; por tanto, las coordenadas cilíndricas y las polares son iguales, solo las diferencia la tercera coordenada existente en las cilíndricas.

Coordenadas polares r, ν

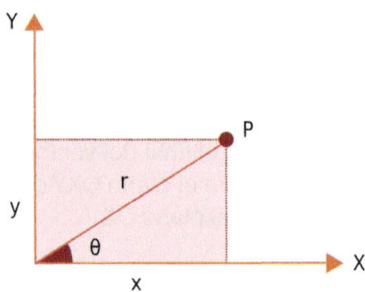

Coordenadas cilíndricas r, ν, z

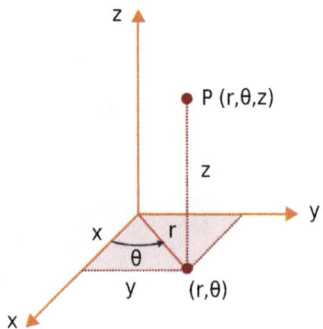

3. Comprensión de las matrices de transformación homogénea

Las coordenadas homogéneas permiten representar conjuntamente la posición y las coordenadas. Un vector M tiene tres coordenadas (x, y, z) en el espacio, mientras que en el espacio n-dimensional tendrá cuatro coordenadas (Mx, My, Mz, k), donde k representa un valor de escala. Este vector se puede representar en coordenadas homogéneas de la siguiente manera:

$$M = \begin{bmatrix} x \\ y \\ z \\ k \end{bmatrix} = \begin{bmatrix} ak \\ bk \\ ck \\ k \end{bmatrix} = \begin{bmatrix} a \\ b \\ c \\ 1 \end{bmatrix}$$

 SABÍAS QUE...

El vector M será M = ai + bj + kz, donde i, j, k son los ejes unitarios correspondientes a los ejes OX, OY, OZ.

 EJEMPLO

Supón un vector M = 4i -3j +k. Sus coordenadas homogéneas serán $[4, -3, 1, 1]^T$. Si multiplicas este vector por dos, las coordenadas resultantes también serán coordenadas homogéneas del vector M. En este caso, $[8, -6, 2, 2]^T$.

A partir de las coordenadas homogéneas nace el concepto conocido como **matriz de transformación homogénea.**

DEFINICIÓN

Matriz de transformación homogénea

Es una matriz de 4×4 que representa la transformación de un vector en coordenadas homogéneas de un sistema de coordenadas a otro.

La **matriz de transformación homogénea** está formada por cuatro submatrices de distintos tamaños:

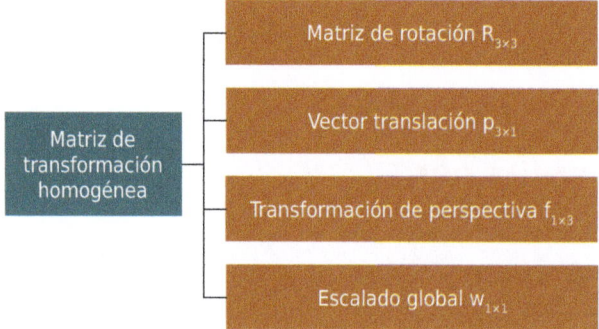

Por tanto, la matriz de transformación homogénea es la siguiente:

$$T = \begin{bmatrix} R_{3\times3} & p_{3\times1} \\ f_{1\times3} & w_{1\times1} \end{bmatrix}$$

NOTA

En robótica industrial, deberán calcularse las matrices $R_{3\times3}$ y $p_{3\times1}$, mientras que se considerará nula la matriz $f_{1\times3}$ y la matriz $w_{1\times1}$ se considerará la unidad.

La **matriz de transformación homogénea tiene dos aplicaciones fundamentales** en la robótica industrial, conocer la **orientación** y la **posición** de un sistema respecto a otro de referencia, es decir, la posición y la orientación de una pieza respecto a un robot.

$$\begin{bmatrix} r_x \\ r_y \\ r_z \\ 1 \end{bmatrix} = T \begin{bmatrix} r_u \\ r_v \\ r_w \\ 1 \end{bmatrix}$$

Y otro para conocer la **rotación** y la **translación** de un vector respecto de un sistema de referencia fijo:

$$\begin{bmatrix} r'_x \\ r'_y \\ r'_z \\ 1 \end{bmatrix} = T \begin{bmatrix} r_x \\ r_y \\ r_z \\ 1 \end{bmatrix}$$

A continuación, vas a ver cómo se emplean las matrices homogéneas para la representación de piezas en el espacio tridimensional.

3.1. Traslación

Comenzarás viendo la **acción de traslación.** Para explicarlo vas a suponer un sistema O'ABC, el cual está trasladado un vector $v = v_x i + v_y j + v_z k$ con respecto a un sistema OXYZ. La matriz homogénea de traslación será:

$$T(v) = \begin{bmatrix} 1 & 0 & 0 & v_x \\ 0 & 1 & 0 & v_y \\ 0 & 0 & 1 & v_z \\ 0 & 0 & 0 & 1 \end{bmatrix}$$

◎ **EJEMPLO**

Considera que el sistema O'ABC está trasladado un vector v (2,-10,-2) con respecto al sistema OXYZ. Calcula las coordenadas (r_x, r_y, r_z) del vector r cuyas coordenadas con respecto al sistema O'ABC son r (4, 3, -1).

Si aplicamos la ecuación:

$$\begin{bmatrix} r'_x \\ r'_y \\ r'_z \\ 1 \end{bmatrix} = \begin{bmatrix} 1 & 0 & 0 & 2 \\ 0 & 1 & 0 & -10 \\ 0 & 0 & 1 & -2 \\ 0 & 0 & 0 & 1 \end{bmatrix} \begin{bmatrix} 4 \\ 3 \\ -1 \\ 1 \end{bmatrix} = \begin{bmatrix} 6 \\ -7 \\ -3 \\ 1 \end{bmatrix}$$

- -

Ahora supón otro vector $p = p_a i + p_b j + p_c k$ representado en el sistema O'ABC. El vector p con respecto al sistema OXYZ será:

$$\begin{bmatrix} r_x \\ r_y \\ r_z \\ 1 \end{bmatrix} = T(p) \begin{bmatrix} r_a \\ r_b \\ r_c \\ 1 \end{bmatrix} = \begin{bmatrix} 1 & 0 & 0 & p_x \\ 0 & 1 & 0 & p_y \\ 0 & 0 & 1 & p_z \\ 0 & 0 & 0 & 1 \end{bmatrix} \begin{bmatrix} r_a \\ r_b \\ r_c \\ 1 \end{bmatrix} = \begin{bmatrix} r_a + p_x \\ r_b + p_y \\ r_c + p_z \\ 1 \end{bmatrix}$$

A su vez, un vector $a = a_x i + a_y j + a_z k$ desplazado según T tendrá como componentes:

$$\begin{bmatrix} r'_x \\ r'_y \\ r'_z \\ 1 \end{bmatrix} = T(p) \begin{bmatrix} a_x \\ a_y \\ a_z \\ 1 \end{bmatrix} = \begin{bmatrix} 1 & 0 & 0 & p_x \\ 0 & 1 & 0 & p_y \\ 0 & 0 & 1 & p_z \\ 0 & 0 & 0 & 1 \end{bmatrix} \begin{bmatrix} a_x \\ a_y \\ a_z \\ 1 \end{bmatrix} = \begin{bmatrix} a_x + p_x \\ a_y + p_y \\ a_z + p_z \\ 1 \end{bmatrix}$$

◎ **EJEMPLO**

Calcular el vector r'_{xyz} resultante de trasladar al vector $a = 5i - j + 8k$ según la transformada T (p), siendo p (4, 0, -2).

Continúa en página siguiente >>

<< Viene de página anterior

Si aplicamos la ecuación:

$$\begin{bmatrix} r'_x \\ r'_y \\ r'_z \\ 1 \end{bmatrix} = T(p) \begin{bmatrix} a_x \\ a_y \\ a_z \\ 1 \end{bmatrix} = \begin{bmatrix} 1 & 0 & 0 & 4 \\ 0 & 1 & 0 & 0 \\ 0 & 0 & 1 & -2 \\ 0 & 0 & 0 & 1 \end{bmatrix} \begin{bmatrix} 5 \\ -1 \\ 8 \\ 1 \end{bmatrix} = \begin{bmatrix} 5+4 \\ -1+0 \\ 8-2 \\ 1 \end{bmatrix} = \begin{bmatrix} 9 \\ -1 \\ 6 \\ 1 \end{bmatrix}$$

 APLICACIÓN PRÁCTICA

Francisco quiere ver cómo un vector de movimiento de su robot se refleja en otro sistema. Francisco tiene un vector v (5,-1,0) y un punto p (5, 9,-12) y quiere saber qué coordenadas tendría en otro sistema, ¿podrías ayudarle?

Solución

Supón que el vector v está en el sistema OXYZ y quieres saber cuáles son sus coordenadas si lo trasladamos al sistema O'ABC. Entonces, aplicas la siguiente ecuación:

$$\begin{bmatrix} v_a \\ v_b \\ v_c \\ 1 \end{bmatrix} = T(p) \begin{bmatrix} v_x \\ v_y \\ v_z \\ 1 \end{bmatrix} = \begin{bmatrix} 1 & 0 & 0 & 5 \\ 0 & 1 & 0 & 9 \\ 0 & 0 & 1 & -12 \\ 0 & 0 & 0 & 1 \end{bmatrix} \begin{bmatrix} 5 \\ -1 \\ 0 \\ 1 \end{bmatrix} = \begin{bmatrix} 5+5 \\ 9-1 \\ -12+0 \\ 1 \end{bmatrix} = \begin{bmatrix} 10 \\ 8 \\ -12 \\ 1 \end{bmatrix}$$

3.2. Rotación

A continuación, verás otro tipo de movimiento, **la rotación.** Seguirás con los dos tipos de sistemas anteriores OXYZ y O'ABC. Ahora supón que el sistema O'ABC está rotado respecto al sistema OXYZ.

Según los ejes de coordenadas, se pueden dar distintas matrices de rotación:

⊃ **Eje X.** La matriz de rotación respecto al eje OX es la siguiente:

$$T(x,\alpha) = \begin{bmatrix} 1 & 0 & 0 & 0 \\ 0 & \cos\alpha & -\sin\alpha & 0 \\ 0 & \sin\alpha & \cos\alpha & 0 \\ 0 & 0 & 0 & 1 \end{bmatrix}$$

⊃ **Eje Y.** La matriz de rotación respecto al eje OY es la siguiente:

$$T(y,\phi) = \begin{bmatrix} \cos\phi & 0 & \sin\phi & 0 \\ 0 & 1 & 0 & 0 \\ -\sin\phi & 0 & \cos\phi & 0 \\ 0 & 0 & 0 & 1 \end{bmatrix}$$

⊃ **Eje Z.** La matriz de rotación respecto al eje OZ es la siguiente:

$$T(z,\theta) = \begin{bmatrix} \cos\theta & -\sin\theta & 0 & 0 \\ \sin\theta & \cos\theta & 0 & 0 \\ 0 & 0 & 1 & 0 \\ 0 & 0 & 0 & 1 \end{bmatrix}$$

 SABÍAS QUE...

Al igual que en la traslación, un vector cualquiera p = p_xi + p_yj + p_zk, el cual se encuentra en el sistema rotado O'ABC, tendrá como componentes en el sistema OXYZ:

$$\begin{bmatrix} p_x \\ p_y \\ p_z \\ 1 \end{bmatrix} = T \begin{bmatrix} p_a \\ p_b \\ p_c \\ 1 \end{bmatrix}$$

Continúa en página siguiente >>

<< *Viene de página anterior*

Y, a su vez, este vector rotado según T vendrá expresado por las siguientes coordenadas:

$$\begin{bmatrix} p'_x \\ p'_y \\ p'_z \\ 1 \end{bmatrix} = T \begin{bmatrix} p_x \\ p_y \\ p_z \\ 1 \end{bmatrix}$$

Si tienes un sistema O'ABC que coincide con un sistema OXYZ y ha sido rotado y trasladado según este último y quieres saber su posición y orientación, entonces deberás ver si primero ha sido trasladado o ha sido rotado.

Si se realiza primero una rotación y posteriormente una traslación, se obtiene un sistema final O'A'B'C'. De lo contrario, si se realiza primero una traslación y luego una rotación, se obtiene un sistema final O''A''B''C'', es decir, los dos sistemas finales obtenidos son totalmente distintos.

A continuación, verás qué ocurre en cada caso:

➲ **Rotación seguida de traslación.** Si se realiza una rotación sobre cualquier eje del sistema OXYZ y posteriormente una traslación, se obtienen las siguientes matrices homogéneas:

  ◑ **Eje OX.** Se realiza una rotación de un ángulo α, seguido de una traslación de un vector $v = v_x i + v_y j + v_z k$.

$$T((x,\alpha),v) = \begin{bmatrix} 1 & 0 & 0 & v_x \\ 0 & \cos\alpha & -\sin\alpha & v_y \\ 0 & \sin\alpha & \cos\alpha & v_z \\ 0 & 0 & 0 & 1 \end{bmatrix}$$

  ◑ **Eje OY.** Se realiza una rotación de un ángulo Ø, seguido de una traslación de un vector $v = v_x i + v_y j + v_z k$.

$$T\big((y,\phi),v\big) = \begin{bmatrix} \cos\phi & 0 & \sin\phi & v_x \\ 0 & 1 & 0 & v_y \\ -\sin\phi & 0 & \cos\phi & v_z \\ 0 & 0 & 0 & 1 \end{bmatrix}$$

○ **Eje OZ.** Se realiza una rotación de un ángulo θ, seguido de una traslación de un vector v = v_xi + v_yj + v_zk.

$$T\big((z,\theta),v\big) = \begin{bmatrix} \cos\theta & -\sin\theta & 0 & v_x \\ \sin\theta & \cos\theta & 0 & v_y \\ 0 & 0 & 1 & v_z \\ 0 & 0 & 0 & 1 \end{bmatrix}$$

➲ **Traslación seguida de rotación.** Si se realiza una traslación sobre cualquier eje del sistema OXYZ y posteriormente una rotación, se obtienen las siguientes matrices homogéneas:

○ **Eje OX.** Se realiza una traslación de un vector v = v_xi + v_yj + v_zk, seguida de una rotación de un ángulo α.

$$T\big(v,(x,\alpha)\big) = \begin{bmatrix} 1 & 0 & 0 & v_x \\ 0 & \cos\alpha & -\sin\alpha & v_y\cos\alpha - v_z\sin\alpha \\ 0 & \sin\alpha & \cos\alpha & v_y\sin\alpha + v_z\cos\alpha \\ 0 & 0 & 0 & 1 \end{bmatrix}$$

○ **Eje OY.** Se realiza una traslación de un vector v = v_xi + v_yj + v_zk, seguida de una rotación de un ángulo Ø.

$$T\big(v,(y,\phi)\big) = \begin{bmatrix} \cos\phi & 0 & \sin\phi & v_x\cos\phi + v_z\sin\phi \\ 0 & 1 & 0 & v_y \\ -\sin\phi & 0 & \cos\phi & v_z\cos\phi - v_x\sin\phi \\ 0 & 0 & 0 & 1 \end{bmatrix}$$

○ **Eje OZ.** Se realiza una traslación de un vector v = v_xi + v_yj + v_zk, seguida de una rotación de un ángulo θ.

$$T\left(v,(z,\theta)\right)=\begin{bmatrix} \cos\theta & -\sin\theta & 0 & v_x\cos\theta-v_y\sin\theta \\ \sin\theta & \cos\theta & 0 & v_x\sin\theta+v_y\cos\theta \\ 0 & 0 & 1 & v_z \\ 0 & 0 & 0 & 1 \end{bmatrix}$$

 APLICACIÓN PRÁCTICA

Francisco quiere avanzar más y quiere ver qué ocurre si un sistema O'ABC es rotado un ángulo de 60° sobre el eje OZ y posteriormente se traslada un vector v = 7i - 2j + k con respecto del sistema OXYZ. Debe calcular las coordenadas de un vector r con coordenadas en el sistema O'ABC (-1, 8, -2), ¿podrías ayudarle?

Solución

Debes aplicar la siguiente ecuación:

$$\begin{bmatrix} r_x \\ r_y \\ r_z \\ 1 \end{bmatrix}=T\left(v\right)\begin{bmatrix} r_a \\ r_b \\ r_c \\ 1 \end{bmatrix}=\begin{bmatrix} \cos 60 & -\sin 60 & 0 & 7 \\ \sin 60 & \cos 60 & 0 & -2 \\ 0 & 0 & 1 & 1 \\ 0 & 0 & 0 & 1 \end{bmatrix}\begin{bmatrix} -1 \\ 8 \\ -2 \\ 1 \end{bmatrix}=\begin{bmatrix} 13-4\sqrt{3} \\ 4-\sqrt{3} \\ -1 \\ 1 \end{bmatrix}$$

Si tienes alguna duda, recuerda que puedes consultarla con tu tutor o tutora a través de las herramientas de comunicación disponibles en la plataforma de formación.

- -

4. Aplicación de los cuaternios

Los **cuaternios** son aquellos que presentan cuatro coordenadas. Estos suponen una gran ventaja sobre otros métodos de descripción espacial.

Los cuaternios tienen una composición simple y son eficientes. Por el contrario, solo presentan orientación relativa. Los cuaternios son utilizados por grandes fabricantes de robots como la empresa ABB.

 **DEFINICIÓN**

Cuaternio
Es una extensión de los números reales, parecida a la de los números complejos.

Un cuaternio se representa de la siguiente manera:

$$Q = q_0 e + q_1 i + q_2 j + q_3 k = (s, v)$$

A continuación, verás algunas **propiedades de los cuaternios** para realizar transformaciones:

•	E	I	J	K
E	e	i	j	k
I	i	-e	k	-j
J	J	-k	-e	I
K	K	J	-i	-e

4.1. Aplicaciones algebraicas

Los cuaternios tienen diferentes **aplicaciones algebraicas.** Las puedes ver a continuación:

➲ **Conjugación.** Cualquier cuaternio tendrá siempre un conjugado, en el cual el signo de la parte vectorial se invierte y la parte escalar se mantiene.

$$Q' = (q_0, - q_1, - q_2, - q_3) = (s, - v)$$

⮞ **Producto.** El producto entre cuaternios es muy importante en las transformaciones. Supón dos cuaternios Q1 y Q2, su producto será el siguiente:

$$Q_1 \cdot Q_2 = (s_1, v_1) \cdot (s_2, v_2) = (s_1 s_2 - v_1 v_2, v_1 v_2 + s_1 v_2 + s_2 v_1)$$

⮞ **Suma.** Supón dos cuaternios Q_1 y Q_2, su suma será la siguiente:

$$Q_1 + Q_2 = (s_1, v_1) + (s_2, v_2) = (s_1 + s_2, v_1 + v_2)$$

⮞ **Producto escalar.** Supón un cuaternio Q_1, su producto escalar será el siguiente:

$$kQ_1 = k(s_1, v_1) = (ks_1, kv_1)$$

⮞ **Norma.** Supón un cuaternio Q y su conjugado Q' y realizas un producto:

$$Q \cdot Q' = (q_0^2 + q_1^2 + q_2^2 + q_3^2)e$$

La norma se representa como ||Q|| y corresponde a la parte real:

$$\| Q \| = (q_0^2 + q_1^2 + q_2^2 + q_3^2)^{1/2}$$

⮞ **Inverso.** Para calcular el inverso de un cuaternio, primero debe ser un cuaternio no nulo, ya que, si es nulo, no tiene inverso. El inverso se calcula mediante la división del conjugado del cuaternio dividido entre la norma del cuaternio:

$$Q^{-1} = \frac{Q'}{\|Q\|}$$

4.2. Representación y composición de rotaciones

Con todas las propiedades que has visto anteriormente, los cuaternios se pueden utilizar para la **representación** y **composición de rotaciones.**

Representación

Consiste en calcular un cuaternio, el cual representa un giro Ø sobre un eje a:

$$Q = rotación(\alpha, \Phi) = \left(\frac{\cos \Phi}{2}, \alpha \cdot \frac{\sin \Phi}{2}\right)$$

Ahora la rotación expresada por este cuaternio a un vector p:

$$p' = Q \cdot (0, p) \cdot Q'$$

 **EJEMPLO**

Obtener el cuaternio Q que gira 30° sobre el eje a (-1, 5, -2). A partir de este cuaternio, obtener el vector resultante sobre el vector p = 3i - j + 2k.

Primero obtenemos el cuaternio Q, mediante la expresión:

Continúa en página siguiente >>

<< Viene de página anterior

$$Q = rotación\ (a, 30°) = \left(\frac{\sqrt{3}}{4}, -\frac{1}{4}, \frac{5}{4}, -\frac{1}{2}\right)$$

A continuación obtenemos el vector p':

$$p' = \left(\frac{\sqrt{3}}{4}, -\frac{1}{4}, \frac{5}{4}, -\frac{1}{2}\right) \circ (0, 3, -1, 2) \circ \left(\frac{\sqrt{3}}{4}, \frac{1}{4}, -\frac{5}{4}, \frac{1}{2}\right)$$

Composición de rotaciones

Consiste en la multiplicación entre cuaternios, es decir, el resultado de rotar según el cuaternio Q_1 para más adelante rotar según el cuaternio Q_2:

$$\boxed{Q_2 \cdot Q_1}$$

La composición de rotaciones tiene como ventaja que es muy simple, ya que solo consiste en la multiplicación de cuaternios.

5. Relación y comparación entre los distintos métodos de localización espacial

 HILO CONDUCTOR

Francisco ha visto que hay métodos para la representación de orientación y otros para la composición de rotaciones. Ahora quiere ver qué ventajas e inconvenientes presentan cada uno y quiere ver si es posible pasar de un método a otro.

5.1. Comparación de métodos de localización espacial

La matriz de transformación homogénea y los cuaternios son sistemas equivalentes, pero, dependiendo de lo que vayas hacer, deberás usar uno u otro.

Estos dos métodos presentan las siguientes ventajas e inconvenientes:

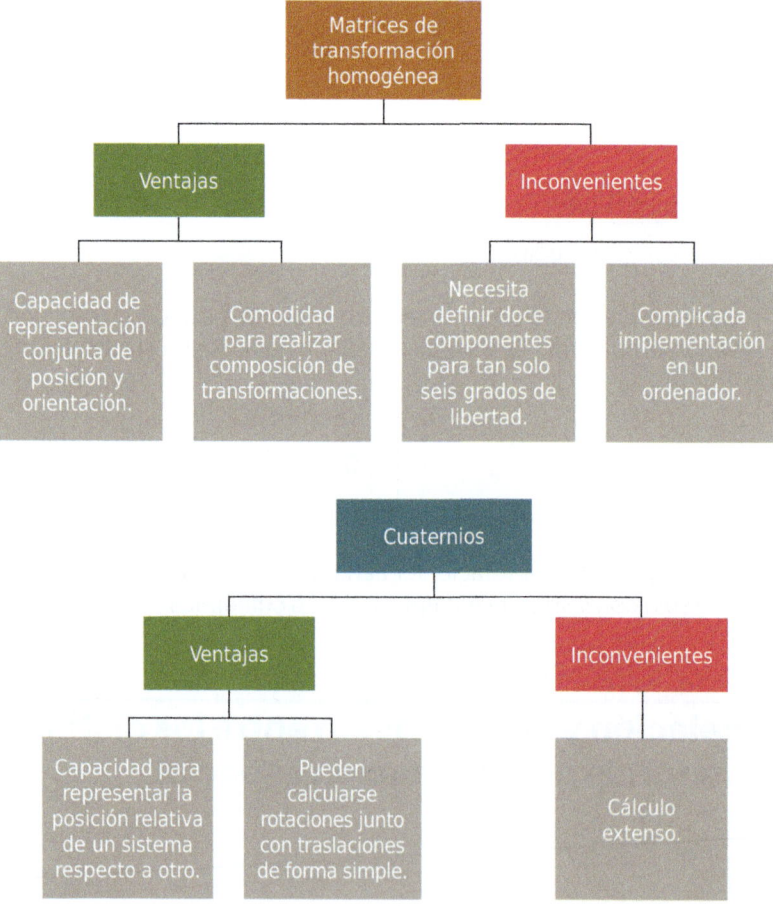

5.2. Relación entre los distintos métodos de localización espacial

Acabas de ver que los sistemas vistos anteriormente son equivalentes. Ahora vas a ver cómo poder pasar de un método a otro.

Observarás cómo pasar de cuaternios a matriz de transformación homogénea, y de matriz de transformación homogénea a cuaternios. Esto se consigue a través de la representación auxiliar intermedia del eje y el ángulo de rotación. Se puede conseguir con dos relaciones: **relación directa** y **relación inversa.**

La **relación directa** viene dada por la representación de la matriz de transformación en función de un cuaternio Q:

$$
T = 2 \begin{bmatrix}
q_0^2 + q_1^2 - \dfrac{1}{2} & q_1 q_2 - q_3 q_0 & q_1 q_3 + q_2 q_0 & 0 \\
q_1 q_2 + q_3 q_0 & q_0^2 + q_2^2 - \dfrac{1}{2} & q_2 q_3 - q_1 q_0 & 0 \\
q_1 q_3 - q_2 q_0 & q_2 q_3 + q_1 q_0 & q_0^2 + q_3^2 - \dfrac{1}{2} & 0 \\
0 & 0 & 0 & 1
\end{bmatrix}
$$

La **relación inversa** se obtiene igualando la diagonal de la matriz T anterior con la siguiente:

$$
R = \begin{bmatrix}
n_x & o_x & a_x & 0 \\
n_y & o_y & a_y & 0 \\
n_z & o_z & a_z & 0 \\
0 & 0 & 0 & 1
\end{bmatrix}
$$

Entonces, se obtiene la relación inversa:

$$
q_0 = \frac{1}{2} \sqrt{\left(n_x + o_y + a_z + 1\right)}
$$

$$
q_1 = \frac{1}{2} \sqrt{\left(n_x - o_y - a_z + 1\right)}
$$

$$
q_2 = \frac{1}{2} \sqrt{\left(-n_x + o_y - a_z + 1\right)}
$$

$$
q_3 = \frac{1}{2} \sqrt{\left(-n_x - o_y + a_z + 1\right)}
$$

EJEMPLO

Considera un cuaternio Q con las siguientes coordenadas $Q = \left(\frac{1}{2}, -1, -\frac{2}{3}, 5\right)$. Calcula su relación directa.

Si aplicamos la ecuación:

$$T = 2 \cdot \begin{bmatrix} \left(\frac{1}{2}\right)^2 + (-1)^2 - \frac{1}{2} & \left(-\frac{2}{3}\right)(-1) - (5)\left(\frac{1}{2}\right) & (-1)(5) + \left(-\frac{2}{3}\right)\left(\frac{1}{2}\right) & 0 \\ (-1)\left(-\frac{2}{3}\right) + (5)\left(\frac{1}{2}\right) & \left(\frac{1}{2}\right)^2 + \left(-\frac{2}{3}\right) - \frac{1}{2} & \left(-\frac{2}{3}\right)(5) - (-1)\left(\frac{1}{2}\right) & 0 \\ (-1)(5) - \left(-\frac{2}{3}\right)\left(\frac{1}{2}\right) & \left(-\frac{2}{3}\right)(5) + (-1)\left(\frac{1}{2}\right) & \left(\frac{1}{2}\right)^2 + (5)^2 - \left(\frac{1}{2}\right) & 0 \\ 0 & 0 & 0 & 1 \end{bmatrix}$$

$$T = 2 \cdot \begin{bmatrix} \frac{3}{4} & -\frac{11}{6} & -\frac{16}{3} & 0 \\ \frac{19}{6} & \frac{7}{36} & -\frac{17}{6} & 0 \\ -\frac{14}{3} & -\frac{23}{6} & \frac{99}{4} & 0 \\ 0 & 0 & 0 & 1 \end{bmatrix} = \begin{bmatrix} \frac{6}{4} & -\frac{22}{6} & -\frac{32}{3} & 0 \\ \frac{38}{6} & \frac{14}{36} & -\frac{34}{6} & 0 \\ -\frac{28}{3} & -\frac{46}{6} & \frac{198}{4} & 0 \\ 0 & 0 & 0 & 1 \end{bmatrix} = \begin{bmatrix} \frac{3}{2} & -\frac{11}{3} & -\frac{32}{3} & 0 \\ \frac{19}{3} & \frac{7}{18} & -\frac{17}{3} & 0 \\ -\frac{28}{3} & -\frac{23}{3} & \frac{99}{2} & 0 \\ 0 & 0 & 0 & 1 \end{bmatrix}$$

TAREA 3

Natalia y Francisco quieren ver cómo su robot realiza ciertos movimientos. El brazo gira 90° sobre un eje k definido por las coordenadas (-1, 8, -6). En el sistema se encuentra un objeto formando un vector v = -10i - 4j + k.

Con estos datos, debes calcular el cuaternio Q para posteriormente obtener un vector v'. Obtén su relación directa.

---

6. Resumen

Cualquier robot industrial necesita saber dos parámetros claves para poder funcionar correctamente: la **posición** y la **orientación.** Para poder representar la posición, se necesitan utilizar unas coordenadas, las cuales pueden ser de diferentes tipos:

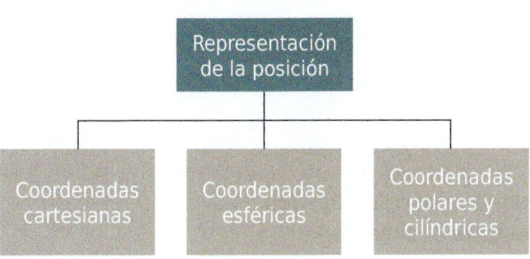

La matriz de transformación homogénea es una matriz de 4×4. En la robótica industrial, es necesario calcular las matrices de rotación y traslación.

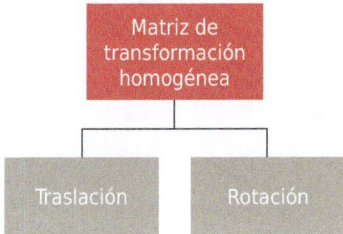

Los cuaternios son una extensión de los números reales al igual que lo son los números complejos. Los cuaternios tienen diferentes tipos de aplicaciones y maneras de cálculo:

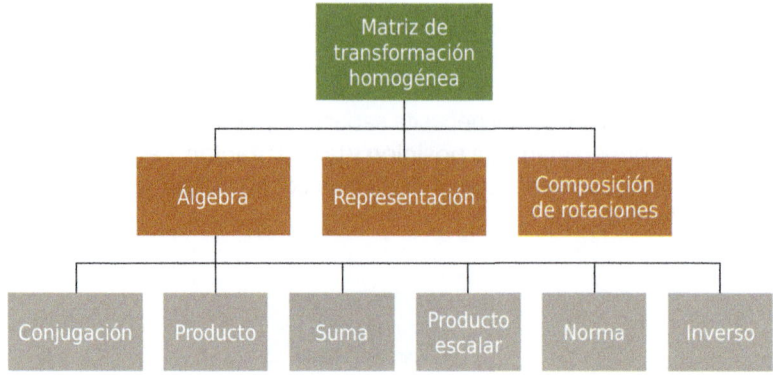

Los dos métodos vistos son sistemas equivalentes y presentan cada uno sus **ventajas** e **inconvenientes.** Existe una relación entre estos dos métodos a través de una matriz.

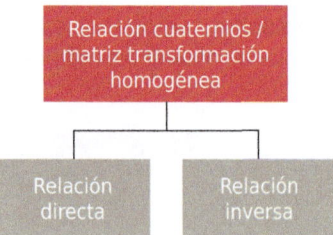

Ejercicios de autoevaluación
Unidad de Aprendizaje 3

1. ¿Qué métodos de coordenadas existen?

a. Coordenadas cartesianas, coordenadas cíclicas, coordenadas polares y cilíndricas.
b. Coordenadas cartesianas, coordenadas esféricas, coordenadas angulares y cilíndricas.
c. Coordenadas cartesianas, coordenadas esféricas, coordenadas polares y cilíndricas.
d. Coordenadas cartesianas, coordenadas esféricas Y coordenadas polares.

2. Las coordenadas cartesianas pueden representarse en:

a. Plano
b. Espacio
c. Tres dimensiones
d. Plano y espacio

3. ¿Cuántas coordenadas hay en las coordenadas esféricas?

a. Tres coordenadas
b. Una coordenada
c. Dos coordenadas
d. No tiene coordenadas

4. ¿Qué forma presenta la matriz homogénea?

a. 3x1
b. 1x1
c. 2x2
d. 1x3

5. ¿Qué representa la matriz de transformación homogénea?

    a. Representa la transformación de un vector en coordenadas homogéneas de un sistema de coordenadas a otro.
    b. Representa la transformación de un sistema en coordenadas homogéneas de un sistema de coordenadas a otro.
    c. Representa la transformación de un vector en coordenadas homogéneas de un sistema de coordenadas esféricas a otro.
    d. Representa la transformación de un vector en coordenadas cartesianas de un sistema a otro.

6. En robótica industrial, ¿qué matrices deben calcularse?

    a. f_{1x3}, R_{3x3}
    b. R_{3x3}, p_{3x1}
    c. p_{3x1}, f_{1x3}
    d. f_{1x3}, w_{1x1}

7. Determina si la siguiente oración es verdadera o falsa: "Un cuaternio es una extensión de los números complejos".

- Verdadero
- Falso

8. Determina si la siguiente oración es verdadera o falsa: "Los cuaternios se utilizan para la representación y composición de rotaciones".

- Verdadero
- Falso

9. Determina si la siguiente oración es verdadera o falsa: "La matriz de transformación homogénea tiene una sencilla implementación en un ordenador".

- Verdadero
- Falso

10. En los cuaternios se pueden calcular rotaciones junto a traslaciones de una forma sencilla, ¿cuál es?

    a. Rotaciones junto a traslaciones
    b. Desplazamientos
    c. Giros junto a desplazamientos
    d. Giros

Aplicación de la cinemática del robot

Contenido

Objetivos

El objetivo general de esta Unidad de Aprendizaje es:

→ Estudiar la cinemática de un robot industrial para su posterior análisis.

Los objetivos específicos de esta Unidad de Aprendizaje son:

→ Saber colocar sistemas de referencia en las articulaciones de los robots.

→ Identificar los grados de libertad.

→ Saber aplicar el modelo cinemático directo e inverso, así como la matriz jacobiana.

1. Introducción

Ya has visto cómo calcular la posición y la orientación de un robot industrial según sus coordenadas y también las relaciones existentes entre las dos. Por ellas se interesa la cinemática del robot.

En esta unidad verás cómo se estudia la cinemática del robot y la forma de resolverla. A la hora de resolverla se plantearán dos problemas: el problema cinemático directo y el problema cinemático inverso.

También verás un método sistemático utilizado para describir y representar los elementos de un robot respecto a un sistema de referencia fijo. Este método fue propuesto por Denavit y Hartenberg.

Por último verás el modelo diferencial establecido a través de la matriz jacobiana para poder conocer la velocidad de las articulaciones de un robot industrial.

Para esta unidad seguirás centrándote en el caso de Francisco, quien quiere saber cómo calcular las posibles posiciones y orientaciones de un robot para, en un futuro, poder establecerlas en su pequeño robot hecho por él mismo para su trabajo final de curso.

2. Determinación del problema cinemático directo

 HILO CONDUCTOR

Francisco quiere establecer una posición y orientación determinada para su robot, pero no sabe cómo se hace. Por ello quiere averiguar qué métodos son necesarios para conseguirlo.

- -

Como dice Antonio Barrientos:

Un robot industrial se puede considerar como una cadena cinemática formada por varias partes unidas por articulaciones. Puedes considerar la base del robot como sistema de referencia fijo y gracias a esto puedes conocer la posición y orientación de cada parte del robot con respecto a dicho sistema de referencia (BARRIENTOS, A., 2007).

La resolución de la orientación y posición de cada parte del robot se resuelve, por tanto, mediante el problema cinemático directo.

NOTA

El problema cinemático directo consiste en encontrar una matriz homogénea de transformación, la cual relaciona la posición y la orientación del extremo del robot con respecto a un sistema de referencia fijo, el cual se sitúa en la base del robot.

Para poder resolver el problema cinemático directo deberás encontrar las relaciones entre la posición-orientación del robot a partir de las coordenadas articulares, las cuales conocerás.

Supón un robot industrial con x grados de libertad, el cual tiene x eslabones que, a su vez, están unidas por x articulaciones. Esta unión forma un grado de libertad, es decir, si tienes tres pares de articulaciones-eslabones, entonces tendrás tres grados de libertad.

A cada eslabón se le va a colocar un sistema de referencia, y con la ayuda de las matrices de transformaciones homogéneas se podrán representar las rotaciones y traslaciones de cada eslabón. Esta matriz se representa como $^{i-1}A_i$.

Ahora vas a suponer un robot industrial con dos grados de libertad, es decir, dos eslabones unidos por una articulación.

Brazo robótico con dos grados de libertad

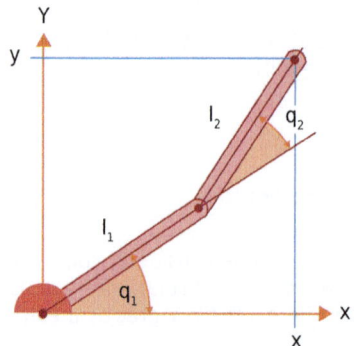

En el primer eslabón, la matriz de transformación homogénea será $^0A_1$, y en el segundo eslabón, la matriz de transformación homogénea será $^1A_2$. Si quisieras calcular la matriz del segundo eslabón con respecto de la base, entonces la matriz será $^0A_2$. Esta matriz vendría dada por la multiplicación de las matrices de los dos eslabones:

$$^0A_2 = {}^0A_1\,{}^1A_2$$

Ahora imagina que tienes un robot con seis grados de libertad, es decir, con todos los grados de libertad posibles; entonces la matriz $^0A_6$ vendrá representada por T:

$$T = {}^0A_6 = {}^0A_1\,{}^1A_2\,{}^2A_3\,{}^3A_4\,{}^4A_5\,{}^5A_6$$

Este es un método para calcular la posición y orientación total de un robot, pero es bastante compleja de calcular y laboriosa. Por tanto, por medio de la representación de Denavit-Hartenberg se podrá calcular de una forma más resumida y sencilla.

NOTA

Con la representación de Denavit-Hartenberg podrás pasar del cálculo de un eslabón a otro mediante cuatro sencillas matrices de transformación homogéneas.

A continuación, verás las **cuatro transformaciones** necesarias que permitirán relacionar el sistema de referencia con el sistema de cada eslabón:

Primera transformación
- Se trata de una rotación. Es un ángulo θ_i, el cual rota alrededor del eje z_{i-1}.

Continúa en página siguiente >>

<< Viene de página anterior

Segunda transformación
- Se trata de una traslación. Es una distancia d_i (0, 0, d_i) a lo largo del eje z_{i-1}.

Tercera transformación
- Se trata de una traslación. Es una distancia a_i (0, 0, a_i) a lo largo del eje x_i.

Cuarta transformación
- Se trata de una rotación. Es un ángulo α_i, el cual rota alrededor del eje x_i.

La multiplicación de todas las matrices deberá realizarse por orden, por tanto, la ecuación resultante es la siguiente:

$$T(Z, \theta_i) \, T(0,0,d_i) \, T(a_i,0,0) \, T(x,a_i) =$$

$$^{i-1}A_i = \begin{bmatrix} C\theta_i & -S\theta_i & 0 & 0 \\ S\theta_i & \theta_i & 0 & 0 \\ 0 & 0 & 1 & 0 \\ 0 & 0 & 0 & 1 \end{bmatrix} \begin{bmatrix} 1 & 0 & 0 & 0 \\ 0 & 1 & 0 & 0 \\ 0 & 0 & 1 & d_i \\ 0 & 0 & 0 & 1 \end{bmatrix} \begin{bmatrix} 1 & 0 & 0 & a_i \\ 0 & 1 & 0 & 0 \\ 0 & 0 & 1 & 0 \\ 0 & 0 & 0 & 1 \end{bmatrix} \begin{bmatrix} 1 & 0 & 0 & 0 \\ 0 & Ca_i & -Sa_i & 0 \\ 0 & Sa_i & Ca_i & 0 \\ 0 & 0 & 0 & 1 \end{bmatrix} =$$

$$= \begin{bmatrix} C\theta_i & -C\alpha_i S\theta_i & S\alpha_i S\theta_i & a_i C\theta_i \\ S\theta_i & C\alpha_i\theta_i & -S\alpha_i C\theta_i & a_i S\theta_i \\ 0 & S\alpha_i & C\alpha_i & d_i \\ 0 & 0 & 0 & 1 \end{bmatrix}$$

Donde θ_i, a_i, d_i y α_i son parámetros de cada eslabón; por tanto, si eres capaz de identificarlos, resolverás la relación de cada uno de los eslabones del robot sin problema.

2.1. Algoritmo de Denavit-Hartenberg

Como has visto anteriormente, Denavit-Hartenberg estableció un algoritmo para poder obtener el modelo cinemático directo:

- **D-H 1.** Deberás numerar los eslabones desde el primero hasta el último. El primer eslabón (eslabón 0) será la base fija del robot.
- **D-H 2.** Deberás numerar las articulaciones desde la primera hasta la última.
- **D-H 3.** Deberás localizar el eje correspondiente a cada articulación. Si se trata de una articulación prismática, el eje será aquel donde produce el desplazamiento, y si es una articulación rotativa, el eje será el suyo propio de giro.
- **D-H 4.** Situar el eje z_i sobre el eje de la articulación i+1.
- **D-H 5.** Situar el origen del sistema de referencia base en cualquier punto del eje z_0, luego los ejes x_0 e y_0 se situarán de modo que formen un sistema dextrógiro.
- **D-H 6.** Situar el sistema S_i en la intersección del eje z_i con la línea normal común a z_{i-1} y z_i. Si se cortan se situaría el sistema S_i en el punto de corte, y si son paralelos, se situaría el sistema S_i en la articulación i+1.
- **D-H 7.** Situar x_i en la normal común a z_{i-1} y z_i.
- **D-H 8.** Situar y_i para que se forme un sistema dextrógiro con x_i y z_i.
- **D-H 9.** Situar el sistema final S_n en el extremo del robot de forma que z_n coincida con la dirección de z_{n-1} y x_n sea normal a z_{n-1} y z_n.
- **D-H 10.** Obtener θ_i, el cual es el ángulo que hay que girar en torno a z_{i-1} para que x_{i-1} y x_i queden paralelos.
- **D-H 11.** Obtener d_i como la distancia, medida a lo largo de z_{i-1}, que habría que desplazar S_{i-1} para que x_{i-1} y x_i quedasen alineados.
- **D-H 12.** Obtener a_i como la distancia medida a lo largo de x_i que habría que desplazar el nuevo sistema S_{i-1} para que su origen coincidiese con S_i.
- **D-H 13.** Obtener α_i como el ángulo que habría que girar en torno a x_i que habría que desplazar el nuevo sistema S_{i-1} para que su origen coincidiese con S_i.
- **D-H 14.** Obtener las matrices de transformación homogéneas $^{i-1}A_i$.
- **D-H 15.** Obtener la matriz de transformación que relaciona el sistema de la base con el del extremo del robot $T = {}^0A_1 {}^1A_2 ... {}^{n-1}A_n$.
- **D-H 16.** La matriz T define la orientación y posición del extremo referido a la base en función de las coordenadas articulares.

Una vez se obtienen las variables θ_i, a_i, d_i y α_i, la resolución de la relación de eslabones consecutivos es simple, ya que con aplicar la ecuación correspondiente a $^{i-1}A_i$ se calcularía rápidamente. Si son eslabones no consecutivos, se aplicaría la ecuación correspondiente a T, que viste con anterioridad.

EJEMPLO

Supón un robot cilíndrico, el cual se muestra a continuación:

Robot cilíndrico

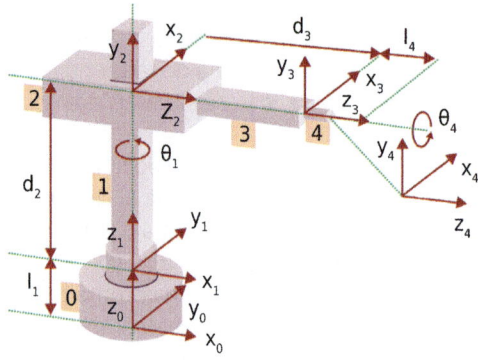

Lo primero que debes hacer es identificar los parámetros D-H. Este robot tiene cuatro articulaciones, por tanto, en cada una se establecerá un sistema de referencia y se buscarán las cuatro variables (θ_i, a_i, d_i y α_i).

Sistema 0			
θ_0	a_0	d_0	α_0
q_1	l_1	0	0

Sistema 1			
θ_1	a_1	d_1	α_1
90	d_2	0	90

Sistema 2			
θ_2	a_2	d_2	α_2
0	d_3	0	0

Sistema 3			
θ_3	a_3	d_3	α_3
q_4	l_4	0	0

A continuación aplicamos la ecuación $^{i-1}A_i$ para cada sistema de referencia:

$$^0A_1 = \begin{bmatrix} C_1 & -S_1 & 0 & 0 \\ S_1 & C_1 & 0 & 0 \\ 0 & 0 & 1 & l_1 \\ 0 & 0 & 0 & 1 \end{bmatrix} \qquad ^1A_2 = \begin{bmatrix} 0 & 0 & 0 & 0 \\ 1 & 0 & 0 & 0 \\ 0 & 1 & 0 & d_2 \\ 0 & 0 & 0 & 1 \end{bmatrix}$$

Continúa en página siguiente >>

<< Viene de página anterior

$$^2A_3 = \begin{bmatrix} 1 & 0 & 0 & 0 \\ 0 & 1 & 0 & 0 \\ 0 & 0 & 1 & d_3 \\ 0 & 0 & 0 & 1 \end{bmatrix} \qquad ^3A_4 = \begin{bmatrix} C_4 & -S_4 & 0 & 0 \\ S_4 & C_1 & 0 & 0 \\ 0 & 0 & 1 & l_4 \\ 0 & 0 & 0 & 1 \end{bmatrix}$$

Al ser eslabones no consecutivos, se aplica la ecuación para calcular la matriz T:

$$T = {}^0A_1 \, {}^1A_2 \, {}^2A_3 \, {}^3A_4 = \begin{bmatrix} -S_1C_4 & S_1S_4 & C_1 & C_1(d_3 + l_4) \\ C_1C_4 & -C_1S_4 & S_1 & S_1(d_3 + l_4) \\ S_4 & C_4 & 0 & d_2 + l_1 \\ 0 & 0 & 0 & 1 \end{bmatrix}$$

 ## ACTIVIDAD COMPLEMENTARIA

4. Calcula el modelo cinemático directo según Denavit-Hartenberg. Realiza la actividad para este robot:

Robot IRB6400C

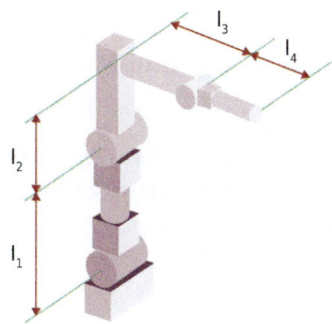

---

3. Conocimiento sobre la cinemática inversa

☞ HILO CONDUCTOR

Francisco ya sabe cómo calcular las relaciones entre posición y orientación respecto a un sistema de referencia fijo, pero cree necesario realizar el cálculo al revés, indicando las condiciones finales que desea que el robot haga.

- -

El problema cinemático inverso tiene como finalidad la búsqueda de coordenadas articulares para que el extremo del robot tenga una posición-orientación deseada.

Como has visto, el problema cinemático directo se obtiene a partir de matrices de transformación homogéneas sin dependencia de la configuración del robot, mientras que en el problema cinemático inverso sí será necesaria la configuración del robot.

La resolución de la cinemática inversa es bastante sencilla. De los seis grados de libertad, los tres primeros están contenidos en el plano y los tres últimos corresponden a giros sobre ejes, los cuales se cortan en un punto.

Hay diferentes formas de resolver el problema cinemático inverso, las cuales verás a continuación.

3.1. Resolución por métodos geométricos

El objetivo es encontrar el suficiente número de relaciones geométricas entre las coordenadas del extremo del robot, las coordenadas articulares y las dimensiones físicas de los eslabones.

 NOTA

Este método es ideal para robots con pocos grados de libertad o para los robots donde se consideran los primeros grados de libertad.

- -

Para que comprendas mejor este método, vas a suponer un robot con tres grados de libertad de rotación. Ese robot es el que se muestra a continuación:

Robot articular

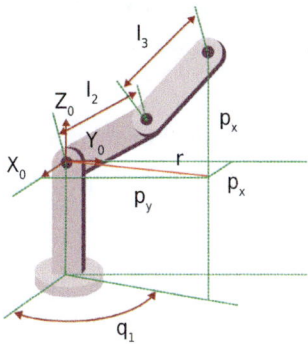

Como datos iniciales están las coordenadas p_x, p_y, p_z las cuales pertenecen al sistema 0. Lo que vas a hacer es posicionar su extremo según estas coordenadas.

La variable articular se calcula fácilmente:

$$q_1 = arctg\left(\frac{p_y}{p_x}\right)$$

Para calcular q_3 se consideran los elementos 2 y 3 y se utiliza el teorema del coseno:

$$\cos q_3 = \frac{p_x^2 + p_y^2 + p_z^2 - l_2^2 - l_3^2}{2l_2 l_3}$$

$$q_3 = arctg\left(\frac{\pm\sqrt{1 - \cos^2 q_3}}{\cos q_3}\right)$$

NOTA

q_3 y q_2 puede tener dos soluciones, positivas o negativas; esto se refiere a si el codo del robot está arriba o si está abajo.

Para calcular q_2 se realizan las siguientes ecuaciones:

$$q_2 = \beta - \alpha = arctg\left(\frac{p_z}{\pm\sqrt{p_x^2 + p_y^2}}\right) - arctg\left(\frac{l_3 sen\, q_3}{l_2 + l_3 \cos q_3}\right)$$

3.2. Resolución mediante la matriz de transformación homogénea

Para entender este método vas a suponer el siguiente robot, el cual tiene tres grados de libertad, dos giros y un desplazamiento.

Robot con tres grados de libertad

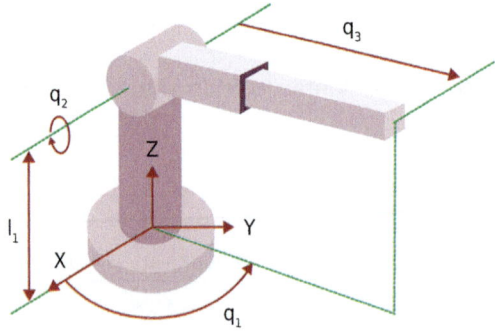

Primero deberás obtener la matriz T, la cual va a relacionar el sistema de referencia con el sistema de referencia asociado al extremo del robot.

En segundo lugar, deberás asignar los sistemas de referencia según Denavit-Hartenberg como se muestra en la siguiente imagen:

Robot con tres grados de libertad

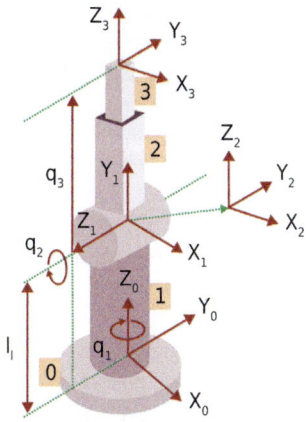

Como condiciones iniciales: $q_1 = q_2 = 0$.

A continuación, deberás identificar los parámetros según Denavit-Hartenberg.

Sistema 0			
θ_0	a_0	d_0	α_0
q_1	0	l1	90

Sistema 1			
θ_1	a_1	d_1	α_1
q2	0	0	-90

Sistema 2			
θ_2	a_2	d_2	α_2
0	0	q_3	0

$$T = {}^0A_3 = {}^0A_1 {}^1A_2 {}^2A_3 = \begin{bmatrix} C_1 & 0 & S_1 & 0 \\ S_1 & 0 & -C_1 & 0 \\ 0 & 1 & 0 & l_1 \\ 0 & 0 & 0 & 1 \end{bmatrix} \begin{bmatrix} C_2 & 0 & -S_2 & 0 \\ S_2 & 0 & C_2 & 0 \\ 0 & -1 & 0 & 0 \\ 0 & 0 & 0 & 1 \end{bmatrix} \begin{bmatrix} 1 & 0 & 0 & 0 \\ 0 & 1 & 0 & 0 \\ 0 & 0 & 1 & q_3 \\ 0 & 0 & 0 & 1 \end{bmatrix} =$$

$$= \begin{bmatrix} C_1C_2 & -S_1 & -C_1S_2 & -q_3C_1S_2 \\ S_1C_2 & C_1 & -S_1S_2 & -q_3S_1S_2 \\ S_2 & 0 & C_2 & q_3C_2 + l_1 \\ 0 & 0 & 0 & 1 \end{bmatrix}$$

Como sabes, $T = {}^0A_3 = {}^0A_1 {}^1A_2 {}^2A_3$; entonces hay que despejar ${}^2A_3$. Para hacerlo tendrás las siguientes ecuaciones:

$$T = \begin{bmatrix} n_x & o_x & a_x & p_x \\ n_y & o_y & a_y & p_y \\ n_z & o_z & a_z & p_z \\ 0 & 0 & 0 & 1 \end{bmatrix}$$

Si tomas la primera ecuación:

$$({}^0A_1)^{-1} T = {}^1A_2 {}^2A_3$$

$$\begin{bmatrix} C_1 & S_1 & 0 & 0 \\ 0 & 0 & 1 & -l_1 \\ S_1 & -C_1 & 0 & 0 \\ 0 & 0 & 0 & 1 \end{bmatrix} \begin{bmatrix} n_x & o_x & a_x & p_x \\ n_y & o_y & a_y & p_y \\ n_z & o_z & a_z & p_z \\ 0 & 0 & 0 & 1 \end{bmatrix} = \begin{bmatrix} C_2 & 0 & -S_2 & 0 \\ S_2 & 0 & C_2 & 0 \\ 0 & -1 & 0 & 0 \\ 0 & 0 & 0 & 1 \end{bmatrix} \begin{bmatrix} 1 & 0 & 0 & 0 \\ 0 & 1 & 0 & 0 \\ 0 & 0 & 1 & q_3 \\ 0 & 0 & 0 & 1 \end{bmatrix} =$$

$$= \begin{bmatrix} C_2 & 0 & -S_2 & -S_2q_3 \\ S_2 & 0 & C_2 & C_2q_3 \\ 0 & -1 & 0 & 0 \\ 0 & 0 & 0 & 1 \end{bmatrix}$$

Deberás coger las relaciones que dependen únicamente de q_1:

$$S_1 p_x - C_1 p_y = 0$$

$$\tan(q_1) = \left(\frac{p_y}{p_x}\right)$$

$$q_1 = \arctan\left(\frac{p_y}{p_x}\right)$$

Si tomas ahora la segunda ecuación:

$$(^1A_2)^{-1}\,(^0A_1)^{-1}\,T = {}^2A_3$$

$$
\begin{bmatrix}
C_2 & S_2 & 0 & 0 \\
0 & 0 & -1 & 0 \\
-S_2 & C_2 & 0 & 0 \\
0 & 0 & 0 & 1
\end{bmatrix}
\begin{bmatrix}
C_1 & S_1 & 0 & 0 \\
0 & 0 & 1 & -l_1 \\
S_1 & -C_1 & 0 & 0 \\
0 & 0 & 0 & 1
\end{bmatrix}
\begin{bmatrix}
n_x & o_x & a_x & p_x \\
n_y & o_y & a_y & p_y \\
n_z & o_z & a_z & p_z \\
0 & 0 & 0 & 1
\end{bmatrix}
=
$$

$$
=
\begin{bmatrix}
1 & 0 & 0 & 0 \\
0 & 1 & 0 & 0 \\
0 & 0 & 1 & q_3 \\
0 & 0 & 0 & 1
\end{bmatrix}
\begin{bmatrix}
C_2 C_1 & C_2 S_1 & S_2 & -l_1 S_2 \\
-S_1 & C_1 & 0 & 0 \\
-S_2 C_1 & -S_2 S_1 & C_2 & -C_2 l_1 \\
0 & 0 & 0 & 1
\end{bmatrix}
\begin{bmatrix}
n_x & o_x & a_x & p_x \\
n_y & o_y & a_y & p_y \\
n_z & o_z & a_z & p_z \\
0 & 0 & 0 & 1
\end{bmatrix}
=
$$

$$
=
\begin{bmatrix}
1 & 0 & 0 & 0 \\
0 & 1 & 0 & 0 \\
0 & 0 & 1 & q_3 \\
0 & 0 & 0 & 1
\end{bmatrix}
$$

Deberás coger las relaciones que dependen únicamente de q_2.

$$C_2C_1p_x + C_2S_1p_y + S_2p_z - l_1S_2 = 0$$

$$C_2(C_1p_x + S_1p_y) + S_2(p_z - l_1) = 0$$

$$\tan(q_2) = -\frac{C_1p_x + S_1p_y}{(p_z - l_1)}$$

Como has visto anteriormente:

$$S_1p_x - C_1p_y = 0$$

$$(S_1p_x - C_1p_y)^2 = S_1^2p_x^2 - C_1^2p_y^2 - 2S_1C_1p_xp_y = 0$$

$$C_1p_x + S_1p_y = \sqrt{p_x^2 + p_y^2}$$

Por tanto, ya tendrás q_2:

$$q_2 = \arctan\frac{\sqrt{p_x^2 + p_y^2}}{l_1 - p_z}$$

Por último, ya podrás despejar q_3:

$$q_3 = -S_2C_1p_x - S_2S_1p_y + C_2p_z - C_2l_1$$

$$q_3 = C_2(p_z - l_1) - S_2(C_1p_x + S_1p_y)$$

$$q_3 = C_2(p_z - l_1) - S_2\sqrt{p_x^2 + p_y^2}$$

Podrías haber obtenido los mismos resultados mediante el método que has visto anteriormente, es decir, por métodos geométricos.

3.3. Desacoplo cinemático

Los dos métodos anteriores que has visto, como bien sabes, son aquellos utilizados para conseguir las tres primeras variables de un robot, aunque podrías utilizarlos para obtener las seis variables, pero esto sería bastante complejo.

Las tres primeras coordenadas son para poder posicionar el extremo del robot, mientras que las tres últimas coordenadas sirven para orientar el extremo del robot.

SABÍAS QUE...

Las tres últimas coordenadas son aquellas que se cortan en un punto; esto se denomina "muñeca del robot".

El **objetivo principal** de estas tres últimas coordenadas es poder conseguir una orientación total y libre del robot en el espacio.

Para conseguir esto se utiliza el método de desacoplo. Este método consigue, a partir de una posición y orientación final, obtener las coordenadas del punto de corte de las tres últimas variables.

APLICACIÓN PRÁCTICA

Francisco ya sabe que los robots industriales tienen seis grados de libertad, pero sigue sin tener claro qué coordenadas son las de posición, ¿podrías ayudarle?

Solución

Las primeras coordenadas corresponden a la posición del robot, mientras que las tres últimas corresponden con la orientación del robot.

Con el fin de que puedas entender mejor el desacoplo, vas a ver cómo se calcula de forma teórica para un robot dado:

Robot IRB2400

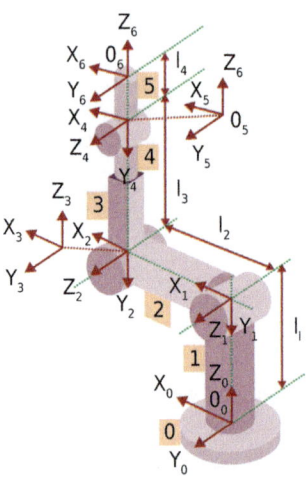

Lo primero es establecer los sistemas de coordenadas en cada articulación según Denavit-Hartenberg, como se muestra en la imagen anterior, y puedes sacar los parámetros:

Sistema 0			
θ_0	a_0	d_0	α_0
θ_1	0	l_1	-90

Sistema 1			
θ_1	a_1	d_1	α_1
θ_2	l_2	0	0

Sistema 2			
θ_2	a_2	d_2	α_2
θ_3	0	0	90

Sistema 3			
θ_3	a_3	d_3	α_3
θ_4	0	l_3	-90

Sistema 4			
θ_4	a_4	d_4	α_4
θ_5	0	0	90

Sistema 5			
θ_5	a_5	d_5	α_5
θ_6	0	l_4	0

Puedes ver que la muñeca del robot corresponde al sistema de referencia cinco, y el sistema de referencia final es el seis, por tanto:

$$p_m = \overline{O_0 O_5}$$
$$p_r = \overline{O_0 O_6}$$

La dirección del eje z_6 y la del eje z_5 deberán ser iguales, y la distancia entre O_5 y O_6 será $d_4 = l_4$, por tanto:

$$p_m = p_r - l_4 z_6$$

Para obtener las tres últimas variables, la matriz T se denominará matriz de rotación $^0R_6$:

$$^0R_6 = [n\ o\ a] = {}^0R_3\,{}^3R_6$$

$$^3R_6 = [r_{ij}] = ({}^0R_3)^{-1}\,{}^0R_6 = ({}^0R)^T\,[n\ o\ a]$$

Tienes que:

$$^3R_6 = {}^3R_4\,{}^4R_5\,{}^5R_6$$

$$^3R_6 = \begin{bmatrix} C_4 & 0 & -S_4 \\ S_4 & 0 & C_4 \\ 0 & -1 & 0 \end{bmatrix} \begin{bmatrix} C_5 & 0 & S_5 \\ S_5 & 0 & -C_5 \\ 0 & 1 & 0 \end{bmatrix} \begin{bmatrix} C_6 & -S_6 & 0 \\ S_6 & C_6 & 0 \\ 0 & 0 & 1 \end{bmatrix} =$$

$$= \begin{bmatrix} C_4 C_5 C_6 - S_4 S_6 & -C_4 C_5 S_6 - S_4 C_6 & C_4 S_5 \\ S_4 C_5 C_6 + C_4 S_6 & -S_4 C_5 S_6 + C_4 C_6 & -S_4 S_5 \\ -S_5 C_6 & S_5 S_6 & C_5 \end{bmatrix}$$

A partir de estos datos, puedes tomar las relaciones siguientes:

$$r_{13} = C_4 S_5 \qquad r_{23} = -S_4 C_5 \qquad r_{33} = C_5 \qquad r_{31} = -S_5 C_6 \qquad r_{32} = S_5 S_6$$

Gracias a esto podrás encontrar las tres variables que relacionan la orientación:

$$q_4 = arcsen\left(\frac{r_{23}}{r_{33}}\right)$$

$$q_5 = arcsen\,(r_{33})$$

$$q_4 = arcsen\left(-\frac{r_{32}}{r_{31}}\right)$$

4. Aplicación de la matriz jacobiana

Además de las relaciones de orientación y posición, se deben tener en cuenta las relaciones entre la velocidad de cada articulación. Esta relación se obtiene a través de la **matriz jacobiana.**

 **DEFINICIÓN**

Matriz jacobiana
Es una matriz formada por derivadas parciales, en la cual se relaciona la velocidad de cada articulación.

- -

La **matriz jacobiana** te permitirá conocer la velocidad en el extremo del robot a partir de las velocidades de cada articulación, las cuales conocerás inicialmente. También existe la matriz jacobiana inversa, que te permitirá conocer las velocidades articulares necesarias para conseguir las velocidades determinadas en el extremo del robot.

La forma más rápida de obtener la relación entre velocidad articular y velocidad del extremo del robot consiste en diferenciar las ecuaciones correspondientes al modelo cinemático directo.

 **RECUERDA**

El modelo cinemático busca las relaciones entre las variables articulares y la posición y orientación del extremo del robot.

Básicamente deberás derivar las ecuaciones del modelo cinemático directo con respecto al tiempo:

$$J = \begin{bmatrix} \dfrac{\partial f_x}{\partial q_1} & \cdots & \dfrac{\partial f_x}{\partial q_n} \\ \vdots & \ddots & \vdots \\ \dfrac{\partial f_y}{\partial q_1} & \cdots & \dfrac{\partial f_y}{\partial q_n} \end{bmatrix}$$

Cada elemento de la matriz jacobiana dependerá de los valores de las coordenadas auriculares, por tanto, cada elemento de dicha matriz será diferente en cada punto articular.

 **EJEMPLO**

El problema cinemático directo de un robot viene dado por las siguientes ecuaciones:

$$x = I_3 C_{12} + I_2 C_1$$

Continúa en página siguiente >>

<< Viene de página anterior

$$y = l_3 S_{12} + l_2 S_1$$

$$z = l_1 - q_3$$

Por tanto, si derivas:

$$\begin{bmatrix} \dot{x} \\ \dot{y} \\ \dot{z} \end{bmatrix} = \begin{bmatrix} -(l_3 S_{12} + l_2 S_1) & -l_3 S_{12} & 0 \\ l_3 C_{12} + l_2 C_1 & l_3 C_{12} & 0 \\ 0 & 0 & -1 \end{bmatrix} \begin{bmatrix} \dot{q}_1 \\ \dot{q}_2 \\ \dot{q}_3 \end{bmatrix}$$

el robot se encuentra en la siguiente posición con una velocidad articular determinada:

$$q_1 = \frac{\pi}{6} rad \qquad q_2 = \frac{\pi}{4} rad \qquad q_3 = 0,75 \text{ m.}$$

$$\dot{q}_1 = \frac{\pi}{2} rad/s \qquad \dot{q}_2 = \frac{\pi}{2} rad/s \qquad \dot{q}_1 = 1\frac{m}{s}$$

$$l_2 = 1 \text{ m.} \qquad l_3 = 1 \text{ m.}$$

$$\begin{bmatrix} \dot{x} \\ \dot{y} \\ \dot{z} \end{bmatrix} = \begin{bmatrix} -1,465 & -0,965 & 0 \\ 1,124 & 0,258 & 0 \\ 0 & 0 & -1 \end{bmatrix} \begin{bmatrix} \pi/2 \\ \pi/2 \\ 1 \end{bmatrix} = \begin{bmatrix} -3,81 \\ 2,17 \\ -1 \end{bmatrix}$$

4.1. Matriz jacobiana inversa

Con esta matriz se pueden obtener las velocidades articulares a partir de las velocidades del extremo del robot. Hay diferentes maneras de calcular dicha matriz jacobiana:

Primera alternativa
- Conocida la relación directa dada por la matriz jacobiana, se puede obtener la inversa invirtiendo dicha matriz. Esta alternativa es inviable, ya que al invertir una gran matriz es bastante compleja.

Segunda alternativa
- Establecer una configuración concreta para el robot y hacer la inversión de la matriz para esa configuración. Como inconveniente hay que mencionar que el robot está en continuo movimiento, por tanto, por cada movimiento habría que hacer una inversa de la matriz y así constantemente.
- Otro inconveniente sería que la matriz no fuese cuadrada, es decir, los grados de libertad y la dimensión del espacio de trabajo no coinciden, o bien porque hay restricciones (el número de grados de libertad es inferior) o porque no será preciso mover para alcanzar las nuevas posiciones y velocidades del extremo requeridas (el número de grados de libertad es mayor).

Tercera alternativa
- Seguir el mismo procedimiento aplicado para la obtención de la jacobiana directa, pero partiendo del modelo cinemático inverso.

Cuando el determinante de la matriz jacobiana es nula, aparecen las denominadas **configuraciones singulares.** En estas configuraciones, la matriz jacobiana inversa no existe.

En las aproximaciones de las configuraciones singulares, se pierde algún grado de libertad. Se pueden encontrar dos tipos de configuraciones singulares:

Límites del espacio de trabajo del robot	Interior del espacio de trabajo del robot
- Ocurre cuando el extremo del robot está en algún punto del límite de trabajo del robot, ya sea exterior o interior. El robot no podrá desplazarse en las direcciones que lo alejen del espacio de trabajo.	- Ocurre dentro de la zona de trabajo y es debido a que dos o más ejes de las articulaciones del robot se alinean.

TAREA 4

Francisco quiere ver cómo su pequeño robot realiza ciertos movimientos de posición y orientación. Como sabes, su robot es un pequeño brazo que es capaz de coger pequeños objetos. Lo puedes ver a continuación:

Robot pinza

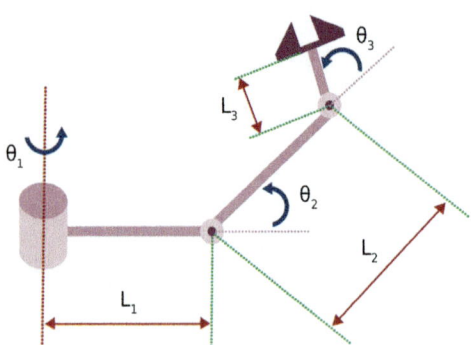

Calcula su modelo cinemático directo y, una vez lo hayas obtenido, obtén su matriz jacobiana.

- -

5. Resumen

Todo robot industrial está diseñado para una función determinada, entonces se deberá calcular su posición y orientación para poder desarrollar dicho fin.

Para ello se utiliza el problema cinemático directo y el modelo cinemático inverso.

El problema cinemático directo puede realizarse mediante el método de Denavit-Hartenberg.

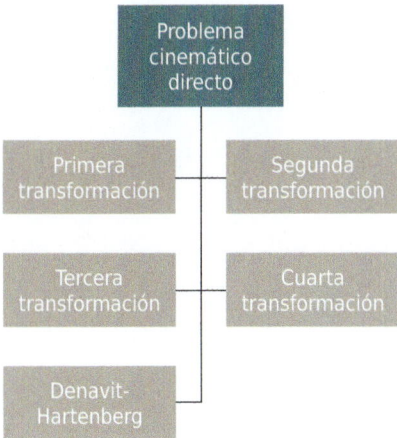

El modelo cinemático inverso se puede realizar por varios métodos:

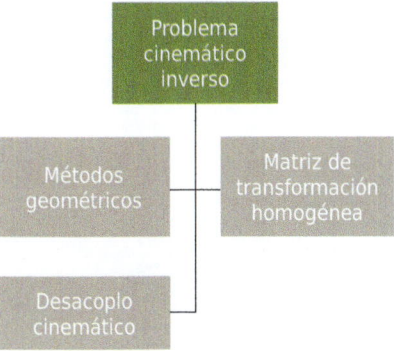

Conocer la posición y la orientación de un robot es fundamental, pero saber la velocidad es también importante; para ello entra en escena la matriz jacobiana.

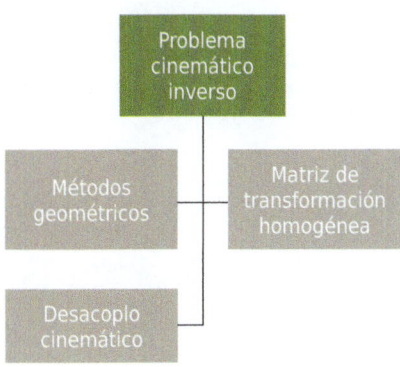

Ejercicios de autoevaluación
Unidad de Aprendizaje 4

1. **Un robot industrial se puede considerar como una cadena cinemática formada por:**

    a. Algunas partes unidas por articulaciones.
    b. Varios eslabones unidos por articulaciones.
    c. Varias articulaciones.
    d. Varias partes unidas por articulaciones.

2. **¿Qué relaciona la matriz de transformación homogénea del problema cinemático directo?**

    a. Posición y orientación del extremo del robot respecto a la base.
    b. Posición del extremo del robot respecto a la base.
    c. Orientación del extremo del robot respecto a la base.
    d. Posición y orientación del robot.

3. **¿Cuáles son las cuatro transformaciones del algoritmo de Denavit-Hartenberg?**

    a. Rotación, traslación, rotación y traslación.
    b. Traslación, traslación, rotación y rotación.
    c. Rotación, traslación, traslación y rotación.
    d. Rotación, rotación, traslación y traslación.

4. **Determina si la siguiente oración es verdadera o falsa: "El problema cinemático inverso es el encargado de encontrar las coordenadas angulares del robot para que el extremo del robot adopte una posición y orientación determinada".**

    ■ Verdadero
    ■ Falso

5. ¿Cuáles son los métodos aplicables para resolver el problema cinemático inverso?

    a. Métodos geométricos.
    b. Matriz de transformación homogénea.
    c. Desacoplo cinemático.
    d. Todas las opciones son correctas.

6. ¿Qué es la muñeca del robot?

    a. Las tres últimas coordenadas que no se cortan.
    b. Las tres primeras coordenadas que se cortan en un punto.
    c. Las tres primeras coordenadas que nunca se cortan.
    d. Las tres últimas coordenadas que se cortan en un punto.

7. Determina si la siguiente oración es verdadera o falsa: "La matriz jacobiana sirve para establecer la relación entre la velocidad de cada articulación".

    ■ Verdadero
    ■ Falso

8. Determina si la siguiente oración es verdadera o falsa: "La matriz jacobiana inversa presenta dos alternativas".

    ■ Verdadero
    ■ Falso

9. ¿Cuáles son las configuraciones singulares?

    a. Límites del espacio de trabajo del robot.
    b. Interior del espacio de trabajo del robot.
    c. Exterior del espacio de trabajo del robot.
    d. Límites del espacio de trabajo del brazo del robot.

10. Los límites del espacio de trabajo del robot establecen que:

a. El robot podrá desplazarse en las direcciones que lo alejen del espacio de trabajo.
b. El robot no podrá desplazarse en las direcciones que lo acerquen del espacio de trabajo.
c. El robot no podrá desplazarse en las direcciones perpendiculares que lo alejen del espacio de trabajo.
d. El robot no podrá desplazarse en las direcciones que lo alejen del espacio de trabajo.

Control cinemático

Contenido

Objetivos

El objetivo general de esta Unidad de Aprendizaje es:

→ Estudiar la aplicación del control cinemático en un robot industrial.

Los objetivos específicos de esta Unidad de Aprendizaje son:

→ Conocer las trayectorias que puede seguir un robot.

→ Estudiar cómo se generan las trayectorias.

→ Establecer variables a cada articulación.

1. Introducción

En la unidad anterior viste cómo obtener y resolver el modelo cinemático de un robot industrial, que consistía en obtener las relaciones de posición y orientación del robot, es decir, establecer las estrategias de control del robot.

El usuario es quien le dará la orden inicial al robot sobre una tarea determinada, como un destino, una trayectoria, etc. El control del robot, denominado control cinemático, te dirá qué trayectorias deberá seguir cada articulación del robot en el tiempo para realizar las tareas determinadas.

En esta unidad verás cómo definir el control cinemático; para ello verás cómo calcular las trayectorias de cada articulación.

Para esta unidad seguirás centrándote en el caso de Francisco, el cual quiere ahora que su robot adquiera una trayectoria determinada para su trabajo final de curso.

2. Identificación de las funciones de control cinemático

☞ HILO CONDUCTOR

Francisco, tras aprender cómo establecer relaciones para posicionar y orientar el robot y cómo calcular la velocidad para cada articulación, quiere saber de qué manera puede introducir estos cálculos en el robot para que realice unas tareas determinadas.

- -

Para que un robot pueda posicionarse y orientarse para realizar una tarea determinada, como ir a un punto con una cierta precisión y velocidad, no solo deberás establecer la relación entre posición y orientación como viste en la unidad anterior, sino que deberás realizar un control en el robot. Esto se denomina **control cinemático.**

DEFINICIÓN

Control cinemático

Es aquel que permite establecer cuáles son las trayectorias que deberá seguir cada articulación del robot para conseguir una tarea determinada establecida por el usuario.

El control cinemático se apoya en el modelo cinemático calculado previamente, y establece las trayectorias que cada articulación deberá seguir. Dichas trayectorias tendrás que muestrearlas cada cierto tiempo para ir obteniendo un vector kT, que servirá para realizar un control dinámico.

A continuación, verás un esquema de cómo se realiza el control cinemático para que lo entiendas mejor:

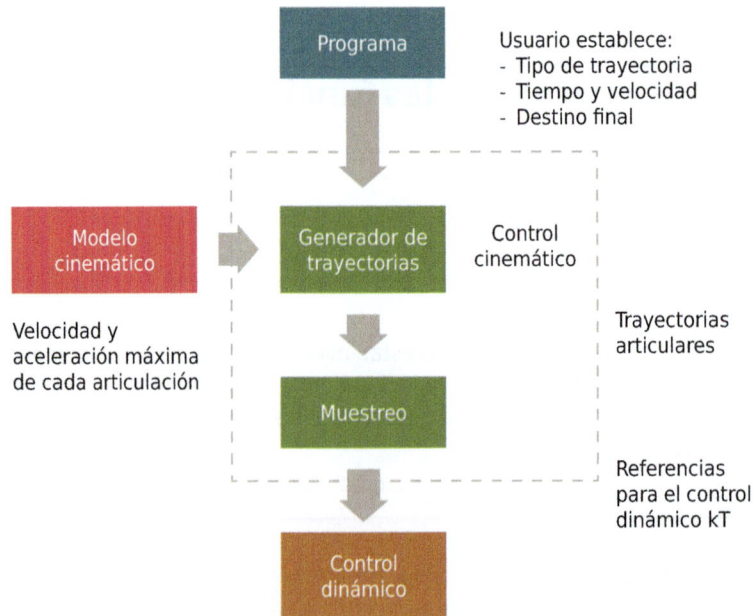

A continuación verás, a modo general, las funciones que debe seguir el control cinemático:

Primera función
- Convertir la trayectoria analítica inicialmente establecida en el programa en espacio cartesiano.

Segunda función
- Muestrear la trayectoria cartesiana con la ayuda de varios puntos de dicha trayectoria. Cada punto tiene seis coordenadas $(x, y, z, \alpha, \beta, \Upsilon)$.

Tercera función
- Con la transformación homogénea inversa, pasar las coordenadas anteriores a coordenadas articulares (q_1, q_2, q_3, q_4, q_5, q_6).

Cuarta función
- Interpolación de los puntos articulares, generando una expresión para cada punto $q_i(t)$ con el fin de que la trayectoria cartesiana se aproxime lo máximo posible a la especificada inicialmente por el usuario.

Quinta función
- Muestrear la trayectoria articular para poder referenciar al control dinámico.

Ahora vas a suponer un robot de dos grados de libertad, el cual va a realizar un tipo de movimiento determinado por el usuario. Se desglosará el proceso:

Primer paso	Segundo paso
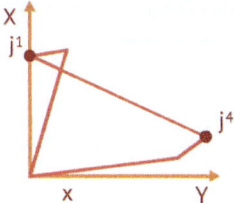	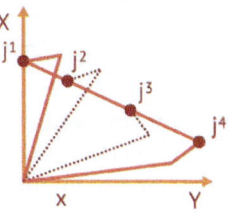
- Se pretende que el robot se mueva en línea recta desde el punto $j^1 = (x^1, y^1)$ hasta el punto $j^4 = (x^4, y^4)$ en un determinado tiempo.	- El control cinemático selecciona cuatro puntos de esta trayectoria (j^1, j^2, j^3, j^4).

Continúa en página siguiente >>

<< Viene de página anterior

Tercer paso	Cuarto paso

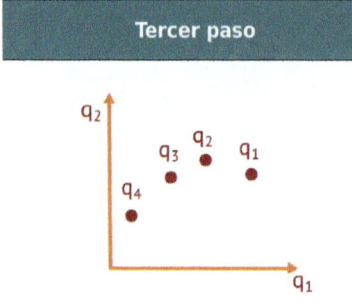

- Mediante la matriz de transformación homogénea inversa se obtienen los vectores articulares (q^1, q^2, q^3, q^4).

- Encontrar una función que sea capaz de unir los cuatro puntos para que no se superen las velocidades y aceleraciones máximas admitidas por cada actuador.

Quinto paso

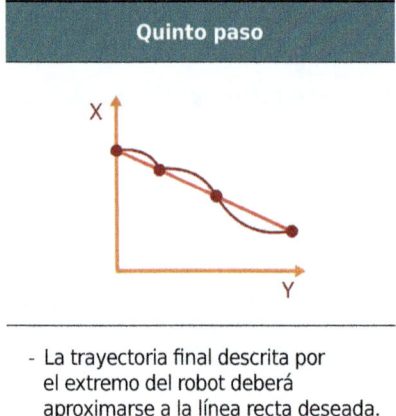

- La trayectoria final descrita por el extremo del robot deberá aproximarse a la línea recta deseada.

Este procedimiento tiene un inconveniente: la resolución en bucle de la transformación homogénea inversa, lo que implica un alto coste computacional por su compleja resolución.

Para reducir este inconveniente, se podría recurrir a la matriz jacobiana.

RECUERDA

La matriz jacobiana establece las relaciones diferenciales entre variables articulares y cartesianas, es decir, es la que relaciona la velocidad en cada articulación del robot.

$$j'(t) = J(q)\dot{q}(t)$$

Si las dimensiones del espacio de trabajo y las de las articulaciones son iguales y el punto q no sea singular:

$$\dot{q}(t) = J^{-1}(q)j'(t)$$

Este modo es lineal y sencillamente más sencillo que calcular mediante la matriz de transformación homogénea inversa, solo hay que actualizar de forma continua los valores de los elementos de la matriz jacobiana.

3. Identificación de los tipos de trayectorias

☞ HILO CONDUCTOR

Francisco ahora sabe que un robot necesita unas órdenes iniciales para realizar una tarea determinada, por tanto, quiere investigar qué trayectorias puede seguir un robot industrial para realizar diferentes tareas.

Los robots están programados para realizar una tarea asignada, bien sea soldar o pintar, por ejemplo. Para realizar esta tarea se necesitan hacer varias trayectorias o una determinada para pasar del punto inicial al punto final.

Los robots pueden realizar tres trayectorias diferentes: **punto a punto, coordinadas** y **continuas.**

3.1. Trayectorias punto a punto

En este tipo de trayectoria, cada articulación va desde su punto inicial hasta su punto final sin dar a conocer el estado o evolución de las demás articulaciones.

Trayectoria punto a punto

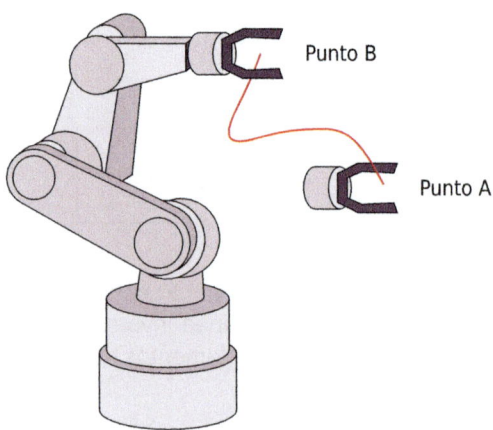

Las **trayectorias punto a punto** se implementan en robots sencillos o con unidades de control muy limitadas. En este tipo de trayectoria, el actuador es el encargado de llevar su articulación a su destino lo más rápido posible.

Las trayectorias punto a punto se dividen en dos tipos:

Movimiento eje a eje

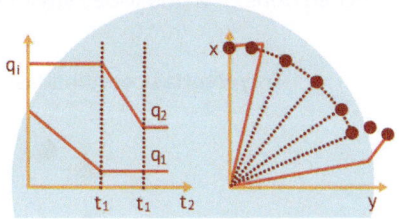

- Se mueve primero un eje y luego otro. Se mueve la primera articulación y, cuando haya acabado, comenzará la segunda y así sucesivamente. Este tipo de movimiento tiene un menor consumo de potencia por parte de los actuadores.

Movimiento simultáneo de ejes

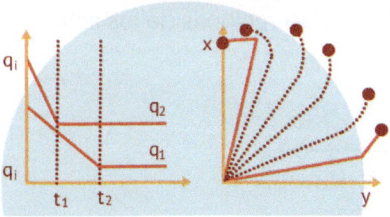

- Los actuadores de cada articulación se mueven simultáneamente a una velocidad específica. Cada eje acabará en distintos instantes de tiempo. El movimiento del robot acabará cuando su eje más tardío acabe, es decir, el tiempo total del movimiento coincidirá con el tiempo empleado en su eje más tardío; por tanto, los demás actuadores habrán forzado su velocidad y aceleración, lo que les habrá obligado a esperar al actuador más lento.

3.2. Trayectorias coordinadas o isócronas

En ocasiones los actuadores de las articulaciones pueden forzar su velocidad y aceleración, lo que implicará acabar el movimiento de una forma más lenta. Para evitarlo bastará con calcularlo previamente para saber qué articulación está fallando y adelantarse a este error. Por tanto, se reducirá la velocidad y aceleración de las demás articulaciones para que todas vayan a la par; de este modo, se consigue que todas vayan al mismo tiempo.

Trayectorias coordinadas

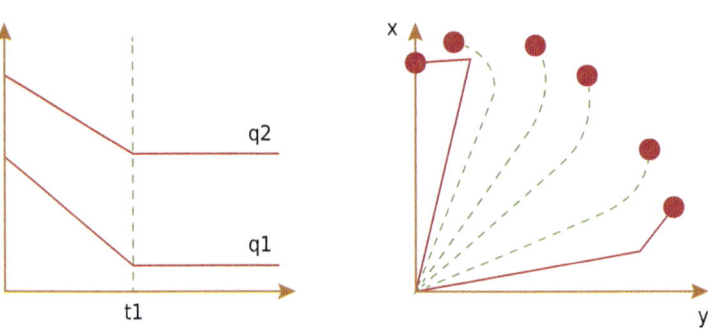

Con esto se conseguirá que el tiempo del movimiento sea lo menor posible y las velocidades y aceleraciones de los actuadores no se forzarán sin ninguna razón.

3.3. Trayectorias continuas

Si tú quieres conocer constantemente la trayectoria del extremo del robot, deberás ir calculando sus trayectorias articulares. Normalmente deberás buscar dos tipos de trayectorias continuas:

Trayectorias continuas

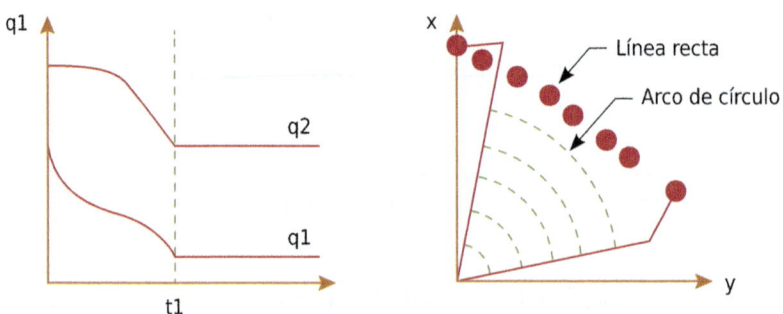

ACTIVIDAD COMPLEMENTARIA

5. Indica un ejemplo real de cada trayectoria.

4. Generación de trayectorias cartesianas

HILO CONDUCTOR

Ahora que Francisco sabe qué tipo de trayectorias existen, quiere saber cómo poder generarlas para saber cuál escoger a la hora de que su robot haga una determinada tarea.

Normalmente un robot industrial sigue una trayectoria lineal para ir desde un punto inicial a un punto final con una velocidad constante.

RECUERDA

El usuario deberá introducir inicialmente unas especificaciones para que el robot realice una tarea determinada, como posiciones, velocidades o instantes de paso.

Para conseguir la trayectoria lineal indicada inicialmente, es necesario establecer un interpolador entre puntos cercanos. La interpolación más frecuente es la interpolación lineal:

$$j(t) = \left(j^f - j^i\right)\frac{t - t_i}{t_f - t_i} + j^i$$

NOTA

Si se quieren evitar discontinuidades en el paso por varios puntos, se suelen utilizar la interpolación a tramos o interpolación cúbica.

En la representación de la posición, la más utilizada es la trayectoria lineal a velocidad constante, algo bastante sencillo, mientras que en la representación de la posición la cosa se complica algo más, ya que las matrices de rotación dan resultados inestables. Las matrices de rotación son **ortonormales,** pero si se aplica una interpolación lineal, la matriz de rotación resultante no es **ortonormal.**

DEFINICIÓN

Ortonormal
Quiere decir que los vectores que forman la matriz son perpendiculares entre sí y su módulo es la unidad.

EJEMPLO

Supón que quieres pasar de un punto inicial a un punto final:

$$R_i = \begin{bmatrix} 1 & 0 & 0 \\ 0 & 1 & 0 \\ 0 & 0 & 1 \end{bmatrix} \qquad R_f = \begin{bmatrix} 0 & -1 & 0 \\ 0 & 0 & -1 \\ 1 & 0 & 0 \end{bmatrix}$$

Las dos matrices anteriores son ortonormales. La matriz intermedia entre la trayectoria lineal entre las dos matrices anteriores es la siguiente:

Continúa en página siguiente >>

<< Viene de página anterior

$$R_m = \begin{bmatrix} \dfrac{1}{2} & -\dfrac{1}{2} & 0 \\ 0 & \dfrac{1}{2} & -\dfrac{1}{2} \\ \dfrac{1}{2} & 0 & \dfrac{1}{2} \end{bmatrix}$$

Esta matriz resultante no es ortonormal, por tanto, el punto R_m no corresponde a una orientación válida.

Para evitar esto se utilizan los ángulos de Euler:

$$\alpha(t) = (\alpha_f - \alpha_i)\frac{t - t_i}{t_f - t_i} + \alpha_i$$

$$\beta(t) = (\beta_f - \beta_i)\frac{t - t_i}{t_f - t_i} + \beta_i$$

$$\gamma(t) = (\gamma_f - \gamma_i)\frac{t - t_i}{t_f - t_i} + \gamma_i$$

Esta trayectoria tiene como inconveniente que no es intuitiva, por tanto, la mejor trayectoria sería aquella que gira de forma continua al objeto manipulado por el robot desde el punto inicial hasta el punto final en torno a un eje de giro fijo. Es decir, la utilización del par de rotación o de los cuaternios será la solución más eficiente.

Supón una matriz ortonormal inicial y otra matriz ortonormal final respecto del primero. Existe un eje k que permitirá pasar del sistema inicial al final girando un ángulo θ respecto a él. Por tanto, habrá que buscar el par (k,θ):

$$\theta(t) = \theta\frac{t - t_i}{t_f - t_i}$$

5. Interpolación de trayectorias

 **HILO CONDUCTOR**

Francisco ya sabe cómo se generan las trayectorias, pero quiere averiguar si su robot tiene un obstáculo delante, qué hay que hacer para que este realice la trayectoria establecida inicialmente.

- -

Como has visto, para pasar de un punto inicial a un punto final es necesario unir una serie de puntos en la trayectoria lineal que une los dos puntos. También se añaden restricciones, velocidades y aceleraciones para garantizar que los actuadores sean capaces de cumplir la trayectoria establecida.

Para asegurar esto se usa frecuentemente una función polinómica, cuyas variables dependerán de las condiciones iniciales de posición, velocidad y aceleración. El cálculo de las variables y su posterior empleo deberá hacerse en tiempo real.

A continuación se muestran los distintos tipos de interpolaciones que se utilizan, las cuales verás aplicadas a un grado de libertad; por tanto, si tienes que interpolar para un robot con tres grados de libertad, deberás realizar la interpolación tres veces.

NOTA

Los métodos de interpolación no solo se aplican al espacio articular, sino que se puede aplicar al espacio de la tarea.

- -

5.1. Interpoladores lineales

Supón que necesitas que una articulación q del robot pase de forma continua por los valores q^i en instantes de tiempo t^i. Una solución sería mantener constante la velocidad entre dos valores sucesivos de la articulación:

$$q(t) = \left(q^i - q^{i-1}\right)\frac{t - t^{i-1}}{t^i - t^{i-1}} + q^{i-1} \qquad t^{i-1} < t < t^i$$

Con esto se asegura la posición, pero tiene un inconveniente: que se producen saltos bruscos en la velocidad de la articulación.

Los instantes de paso se establecen según tres criterios:

Primer criterio
- Cada articulación debería alcanzar el punto de destino en el menor tiempo posible sin considerar las demás articulaciones.

Segundo criterio
- Ajustar los instantes de paso a los de la articulación que más tiempo necesite.

Tercer criterio
- Seleccionar los tiempos necesarios a partir de las especificaciones dadas en el espacio de trabajo.

5.2. Interpoladores cúbicos

Si se quiere asegurar que la trayectoria en la articulación tenga velocidad continua, se utilizará un polinomio de tercer grado.

NOTA

Los polinomios de tercer grado presentan cuatro variables, las cuales se dividirán, dos para la posición y dos para la velocidad.

Con el polinomio de tercer grado entre dos puntos consecutivos se consigue un conjunto de polinomios enlazados denominados ***splines.***

 **DEFINICIÓN**

Spline
Es una curva definida por tramos mediante polinomios.

- -

$$q(t) = a + b(t - t^{i-1}) + c(t - t^{i-1})^2 + d(t - t^{i-1})^3 \qquad t^{i-1} < t < t^i$$

$$a = q^{i-1}$$

$$b = \dot{q}^{i-1}$$

$$c = \frac{3}{T^2}\left(q^i - q^{i-1}\right) - \frac{2}{T^2}\dot{q}^{i-1} - \frac{1}{T^2}\dot{q}^i$$

$$d = -\frac{2}{T^3}\left(q^i - q^{i-1}\right) + \frac{1}{T^2}\left(\dot{q}^{i-1} + \dot{q}^i\right)$$

$$T = t^i - t^{i-1}$$

Para conocer los valores del polinomio es necesario conocer los valores de las velocidades de paso. Para ello, hay diferentes alternativas, las cuales verás a continuación:

- **Primera alternativa.** Esta alternativa es bastante sencilla y proporciona una buena continuidad en la velocidad, aunque no establece ninguna condición sobre la continuidad de la aceleración.

$$\dot{q}^i = \begin{cases} 0 & si\ signo\ (q^i - q^{i-1}) \neq signo\ (q^{i+1} - q^i) \\ \dfrac{1}{2}\left[\dfrac{q^{i+1} - q^i}{t^{i+1} - t^i} + \dfrac{q^i - q^{i-1}}{t^i - t^{i-1}}\right] & si\ signo\ (q^i - q^{i-1}) = signo\ (q^{i+1} - q^i) \end{cases}$$

● **Segunda alternativa.** Escoger velocidades de paso, de modo que se produzca continuidad en la posición, velocidad y aceleración.
● **Tercera alternativa.** Obtener las velocidades de paso a partir de las velocidades de paso deseadas en el espacio de tarea. El modelo cinemático permitiría obtener las velocidades a partir de las cartesianas.

 **VÍDEO**

A continuación, verás un vídeo de un ejemplo de un robot PUMA donde se han aplicado interpoladores cúbicos:

https://redirectoronline.com/fmem009po0501

5.3. Interpoladores a tramos

En el interpolador lineal la velocidad de la articulación durante la trayectoria varía constantemente, lo que implica tener un control continuo.

Para evitar esto se puede dividir la trayectoria que une el punto inicial con el punto final en **tres tramos:**

● **Tramo inicial:** se utiliza un polinomio de segundo grado para que la velocidad varíe de forma lineal desde la velocidad de la trayectoria anterior a la de la presente. La aceleración presenta valores distintos de cero.
● **Tramo central:** se realiza una interpolación lineal y así se consigue mantener la velocidad constante. La aceleración es cero.
● **Tramo final:** se utiliza un polinomio de segundo grado para que la velocidad varíe de forma lineal desde la velocidad de la trayectoria presente a la siguiente. La aceleración presenta valores distintos de cero.

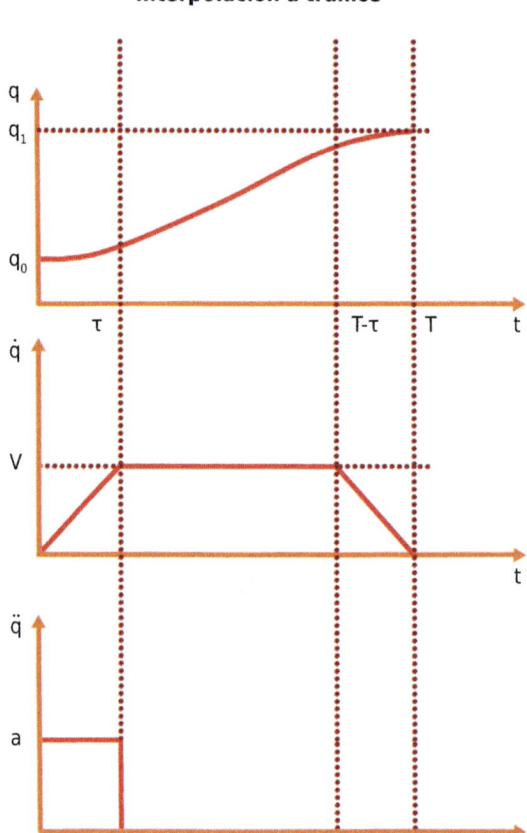

Interpolación a tramos

Pueden darse dos casos distintos, primero una trayectoria con dos puntos de velocidad inicial y final nula:

➲ **Tramo inicial:**

$$q^0 + s\frac{a}{2}t^2 \qquad t \leq \tau$$

➲ **Tramo central:**

$$q^0 - s\frac{V^2}{2a} + sVt \qquad \tau < t \le T - \tau$$

➲ **Tramo final:**

$$q^1 + s\left(-\frac{aT^2}{2} + aTt - \frac{a}{2}t^2\right) \qquad T - \tau < t < T$$

Interpolador con ajuste parabólico

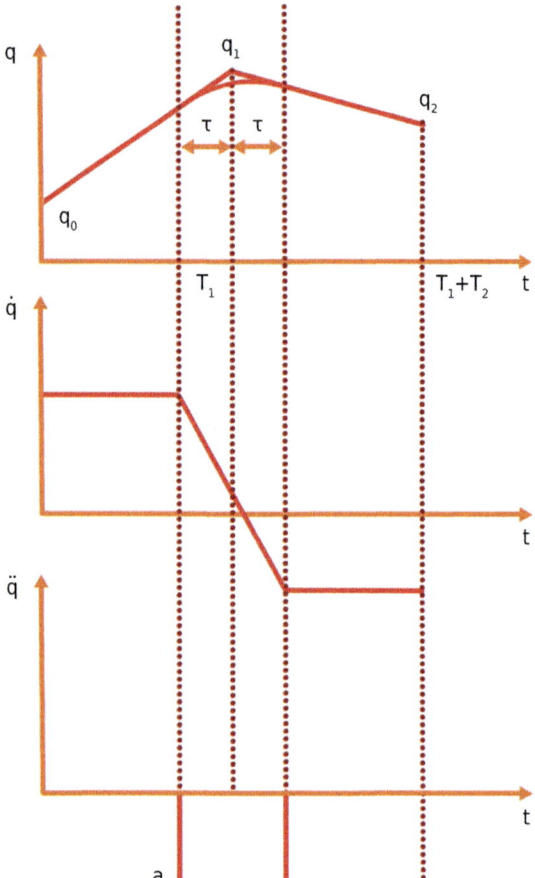

Donde:

$$\tau = \frac{V}{a}$$

$$T = s\frac{q^1 - q^0}{V} + \frac{V}{a}$$

s = signo de $q^1 - q^0$

Si ahora tuvieras una trayectoria formada por varios puntos, la velocidad en el tramo central no debe ser nula. Para evitarlo tan solo habría que hacer que la trayectoria no pase por los puntos. Entonces, en el tramo final, un polinomio de segundo grado permitirá cambiar la velocidad de forma continua. Esto es lo que se conoce como ajuste parabólico, que has visto en la anterior imagen.

 DEFINICIÓN

Ajuste parabólico
Es parecido al interpolador lineal. Se aproxima cuanto mayor sea la aceleración permitida.

➲ **Tramo inicial:**

$$q^0 + \frac{q^1 - q^0}{T_1} t \qquad 0 \le t \le T_1 - \tau$$

➲ **Tramo central:**

$$q^1 + \frac{(q^1 - q^0)}{T_1}(t - T_1) + \frac{a}{2}(t - T_1 + \tau)^2 \qquad T_1 - \tau < t < T_1 + \tau$$

➲ **Tramo final:**

$$q^1 + \frac{q^2 - q^1}{T_2}(t - T_1) \qquad T_1 + \tau < t < T_1 + T_2$$

Donde la aceleración constante que permite cambiar de velocidad de un tramo al siguiente:

$$a = \frac{T_1\left(q^2 - q^1\right) - T_2\left(q^1 - q^0\right)}{2T_1 T_2 \ddot{A}}$$

6. Realización del muestreo de trayectorias cartesianas

 **HILO CONDUCTOR**

Francisco quiere que su robot realice la trayectoria establecida inicialmente de forma precisa, para ello quiere ver cómo calcular varios puntos de la trayectoria.

Acabas de ver los diferentes métodos de interpolación y los puntos de la trayectoria. La más habitual, como has podido comprobar, es la línea recta, aunque en menor grado se utilizan las trayectorias circulares también.

Para que el robot realice una trayectoria precisa, sería necesario conocer bastantes puntos de la trayectoria por medio de la interpolación. Cada punto deberás pasarlo a coordenadas articulares y, gracias a las técnicas de interpolación, generar la trayectoria articular.

Costo computacional
- El costo computacional aumenta si el número de puntos cartesianos es muy elevado.

Elección de los puntos
- Los puntos de la trayectoria cartesiana deben elegirse para llegar a la relación entre los puntos seleccionados y el error entre la trayectoria resultante y la deseada.

Continúa en página siguiente >>

<< Viene de página anterior

Algoritmo
- Buscar un algoritmo que permite seleccionar solo aquellos puntos de la trayectoria realmente necesarios.

NOTA

En la práctica lo normal es seleccionar puntos equidistantes muy cercanos, para así asegurar que las trayectorias articulares se generen mucho antes de que el robot las requiera.

TAREA 5

Francisco tiene ya su pequeño brazo robótico construido y quiere comenzar a programarlo, pero antes debe establecer unas condiciones iniciales y las condiciones de cada articulación.

Con estos datos, establece como condiciones iniciales: tipo de trayectoria, tiempo y velocidad y destino final; y como condiciones de cada articulación: velocidad y aceleración. Todo esto sabiendo que el robot tiene dos grados de libertad.

7. Resumen

Un robot no solo necesita conseguir una relación posición-orientación, sino que necesita un control continuo en tiempo real, esto es lo que se conoce como **control cinemático.** El control cinemático necesita cumplir una serie de funciones:

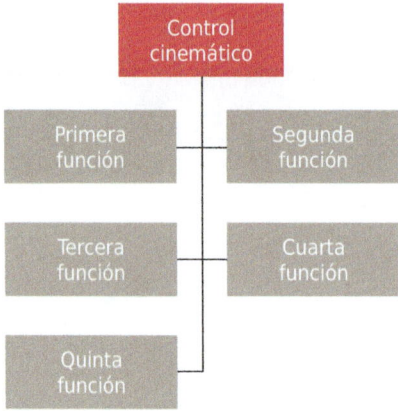

El movimiento a realizar por el robot siguiendo las órdenes establecidas por el usuario inicialmente son:

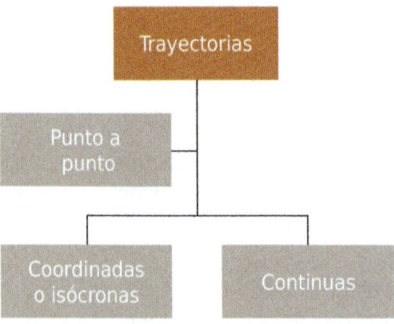

Para conseguir estas trayectorias se realiza la interpolación de los puntos que siguen la trayectoria. Hay diferentes tipos de interpolación:

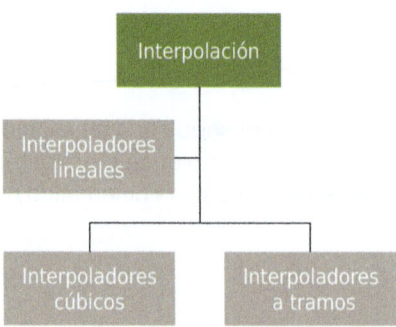

Por último, se deberá hacer el muestreo de las trayectorias cartesianas. Este muestreo tiene dos condicionantes que dan lugar a un algoritmo capaz de muestrear los puntos de la trayectoria para obtener los puntos imprescindibles en la trayectoria que deberá seguir el robot.

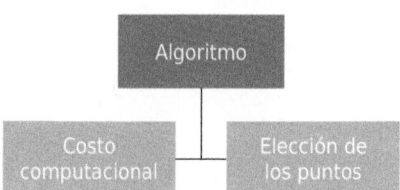

Ejercicios de autoevaluación
Unidad de Aprendizaje 5

1. ¿Qué es el control cinemático?

    a. Es aquel que no permite establecer cuáles son las trayectorias que deberá seguir cada articulación del robot para conseguir una tarea determinada establecida por el usuario.

    b. Es aquel que permite establecer cuáles son los caminos que deberá seguir cada articulación del robot para conseguir una tarea determinada establecida por el usuario.

    c. Es aquel que permite establecer cuáles son las trayectorias que deberá seguir cada articulación del robot para conseguir una tarea determinada establecida por el usuario.

    d. Es aquel que permite establecer cuáles son las trayectorias que deberá seguir cada articulación del robot para conseguir una tarea determinada establecida por el mismo robot.

2. ¿Qué establece el control cinemático?

    a. Las trayectorias que cada articulación deberá seguir.
    b. Las trayectorias que cada eslabón deberá seguir.
    c. Las trayectorias que cada articulación no deberá seguir.
    d. Las trayectorias que el extremo deberá seguir.

3. ¿Quién establece el tipo de trayectoria inicialmente?

    a. El operario
    b. El jefe de planta
    c. El usuario
    d. El robot

4. ¿Qué tipo de trayectoria va desde un punto inicial a un punto final sin conocer el estado de las articulaciones?

    a. Trayectoria coordinada
    b. Trayectoria punto a punto
    c. Trayectoria isócrona
    d. Trayectoria continua

5. La trayectoria punto a punto, ¿qué movimientos puede realizar?

    a. Movimiento continuo
    b. Movimiento eje a eje
    c. Movimiento simultáneo de ejes
    d. Movimiento eje por eje

6. Determina si la siguiente oración es verdadera o falsa: "La trayectoria lineal tiene como ventaja que no es intuitiva".

    ■ Verdadero
    ■ Falso

7. ¿Qué tipo de interpoladores existen?

    a. Lineales
    b. Cúbicos
    c. Parabólicos
    d. A tramos

8. Determina si la siguiente oración es verdadera o falsa: "En la interpolación cúbica, la aceleración en el medio es nula".

    ■ Verdadero
    ■ Falso

9. Si se quieren evitar discontinuidades en el paso por varios puntos, debes utilizar:

    a. Interpolación lineal
    b. Interpolación cúbica
    c. Interpolación parabólica
    d. Interpolación a tramos

10. Determina si la siguiente oración es verdadera o falsa: "Normalmente, lo ideal es seleccionar puntos equidistantes lejanos".

    ■ Verdadero
    ■ Falso

Programación de robots

Contenido

1. Introducción
2. Aplicación de métodos de programación de robots. Clases de robots
3. Requerimientos de un sistema de programación de robots
4. Conocimiento acerca del ejemplo de programación de un robot industrial
5. Identificación de las características básicas de los lenguajes RAPID Y V+
6. Resumen

Objetivos

El objetivo general de esta Unidad de Aprendizaje es:

→ Iniciación a la programación de la robótica.

Los objetivos específicos de esta Unidad de Aprendizaje son:

→ Conocer los diferentes métodos de programación.

→ Estudiar los lenguajes de programación RAPID y V+.

→ Saber diferenciar las partes de un sistema de programación.

1. Introducción

Como has visto en unidades anteriores, un robot industrial es un manipulador programado previamente que realiza una tarea determinada según la programación. Cuando se programa al robot para realizar cualquier tipo de tarea, se le dice al robot las tareas que debe llevar a cabo y cómo ha de hacerlas.

La programación presenta variables, las cuales se van actualizando constantemente para que el robot pueda realizar su tarea a la perfección.

En definitiva, la programación es la parte fundamental para un robot, ya que sin ella no podría realizar ninguna tarea y su única función sería decorativa.

En esta unidad comenzarás a ver la programación básica que se le introduce a un robot y comenzarás a programar un robot.

Para esta unidad, seguirás centrándote en el caso de Francisco, que, tras ver detenidamente cómo funciona un robot y construir su pequeña maqueta, quiere comenzar a aprender programación para que su robot realice ciertos movimientos.

2. Aplicación de métodos de programación de robots. Clases de robots

 HILO CONDUCTOR

Francisco ha ido aprendiendo qué tipos de orientación, posición y trayectorias puede realizar un robot. Ahora quiere ver qué tipo de lenguajes de programación hacen falta para que su robot realice una tarea determinada.

- -

Un robot es creado para ayudar al usuario a realizar una tarea determinada, pero para poder realizar esa tarea, previamente hay que indicarle al robot cómo realizarla; para eso se utiliza la **programación.** Programar sería entonces decirle al robot los pasos que debe seguir para conseguir realizar la tarea final, por ejemplo, si quieres que un robot alargue su brazo y coja una lata de refresco, deberás indicar su posición inicial, si hay obstáculos, la distancia a la que se encuentra la lata de refresco, cuándo debe abrir y cerrar la pinza, etc. Todos estos factores se indican en la **programación.**

 **DEFINICIÓN**

Programación
Es la herramienta que utiliza el usuario para controlar las características de un robot.

- -

Actualmente no hay una norma que establezca un lenguaje universal de programación para todos los robots. Cada fabricante crea su propio lenguaje de programación.

 **NOTA**

Los lenguajes de programación específicos de cada fabricante son creados a partir de otros lenguajes de programación que han servido de modelo.

- -

Hay varios criterios que sirven de ayuda a la hora de clasificar la programación de los robots, como la potencia del método y la secuencia de acciones a realizar. En el siguiente esquema lo verás mejor:

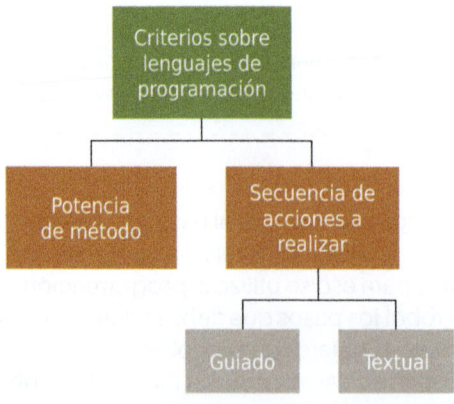

El criterio que sirve para indicar la secuencia de acciones a realizar es el más explicativo, dando a conocer las diferentes opciones que hay para programar un robot. Como has visto en el esquema anterior, hay dos opciones, guiado y textual, o incluso con las dos opciones. A continuación vas a ver cada opción de forma más detallada.

2.1. Programación por guiado

Este tipo de programación consiste en llevar al robot a realizar la tarea final para que luego la reproduzca de manera automática, es decir, el usuario va "cogido de la mano" con el robot haciendo los pasos que se deben realizar; con cada paso que se realiza, el usuario guarda la configuración y así sucesivamente.

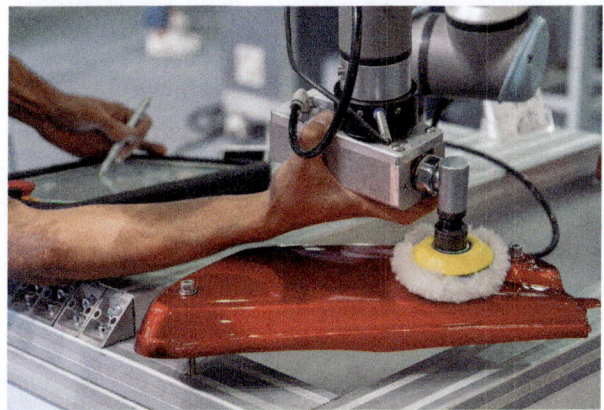

Programación por guiado

 **VÍDEO**

A continuación, verás un vídeo en el que se realiza una programación por guiado:

Continúa en página siguiente >>

<< Viene de página anterior

https://redirectoronline.com/fmem009po0601

En este tipo de programación se utilizan diferentes tipos, los cuales verás a continuación:

> **Pasivo**
> - Debido a que la estructura del robot es bastante pesada, se recurre a un "doble" del robot mucho más ligero. Con este robot se realiza la programación por guiado para luego implementarla en el robot original.

> **Activo**
> - Se controlan las articulaciones mediante una botonera (una especie de mando a control).

> **Guiado básico**
> - Se guía al robot por cada punto que este debe seguir para realizar la tarea final. Normalmente la trayectoria se interpola, pero si no es posible interpolar, se recorren los puntos por orden y se programan secuencialmente.

> **Guiado extendido**
> - Aparte de poder guiar al robot por los puntos a pasar, también se pueden especificar datos como velocidad, tipo de trayectoria, entradas/salidas binarias, etc.

Programación por guiado

| Pasivo | Activo | Básico | Extendido |

2.2. Programación textual

La **programación textual** es aquella que establece unas instrucciones que, al ser ejecutadas, hacen que el robot efectúe una tarea determinada; es lo que se conoce como **lenguaje específico.**

 **RECUERDA**

No hay una normativa que establezca un lenguaje de programación general. Normalmente los fabricantes tienen su propio lenguaje de programación.

Dentro de la programación se encuentran tres distintos niveles. A lo largo del tiempo han ido apareciendo distintos lenguajes de programación en cada nivel. A continuación verás cada nivel de la programación.

Nivel robot

Los lenguajes de programación utilizados en este nivel los verás a continuación de manera cronológica:

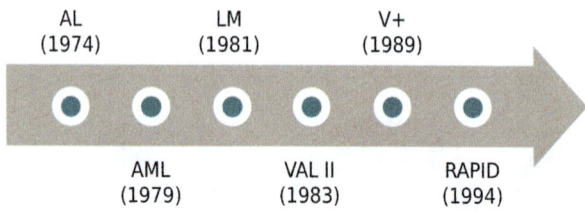

| AL (1974) | LM (1981) | V+ (1989) |
| AML (1979) | VAL II (1983) | RAPID (1994) |

En este nivel cada movimiento a realizar por el robot deberá especificarse, como la velocidad, apertura y cierre de pinza, trayectoria, etc. También se deberán introducir subtareas.

 EJEMPLO

Supón que tu robot quiera colocar un bloque B sobre C:

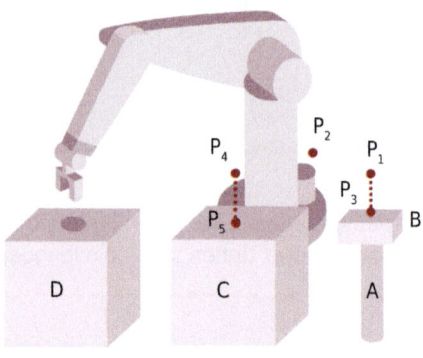

```
Mover_a P1 via P2      ; Situarse en un punto sobre la pieza B
Vel = 0.2 * VELMAX     ; Reducir la velocidad
Pinza = ABRIR          ; Abrir la pinza
Prec = ALTA            ; Ausentar la precisión
Mover_recta_a P3       ; Descender verticalmente en línea recta
Pinza = CERRAR         ; Cerrar la pinza para coger la pieza B
Espera = 0.5           ; Esperar para garantizar cierre de pinza
Mover_recta_a P1       ; Ascender verticalmente en línea recta
Prec = MEDIA           ; Decrementar la precisión
Vel = VELMAX           ; Aumentar la velocidad
Mover_a P4 via P2      ; Situarse sobre la pieza C
Prec = ALTA            ; Aumentar la precisión
Vel = 0.2 * VELMAX     ; Reducir velocidad
Mover_recta_a P5       ; Descender verticalmente en línea recta
Pinza = ABRIR          ; Abrir pinza
```

Nivel objeto

Los lenguajes de programación utilizados en este nivel los verás a continuación de manera cronológica:

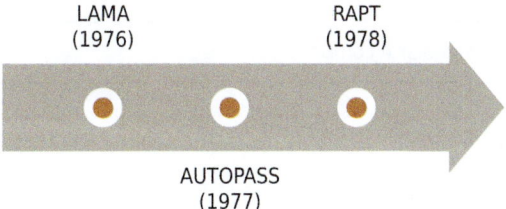

LAMA
(1976)

RAPT
(1978)

AUTOPASS
(1977)

En este nivel la dificultad de la programación disminuye con respecto al nivel robot, ya que la programación presenta mayor comodidad porque se dan instrucciones dependiendo del objeto a manipular.

 **EJEMPLO**

Se toma el mismo ejemplo anterior:

```
Situar B sobre C haciendo coincidir
LADO_B1 con LADO_C1 y LADO_B2 con LADO_2 ;
Situar A dentro D haciendo coincidir
EJE_A con EJE_HUECO_D y BASE_A con BASE_D ;
```

Nivel tarea

En este nivel la programación se reduce a una única instrucción, es decir, se le dice al robot qué deberá hacer en vez de decirle cómo hacerlo.

 **EJEMPLO**

Se toma el mismo ejemplo anterior:

Ensamblar A con D

 ACTIVIDAD COMPLEMENTARIA

6. Busca más información sobre dos lenguajes de programación al azar de los vistos anteriormente y analízala.

3. Requerimientos de un sistema de programación de robots

Los sistemas de programación establecen una serie de características, que verás en el siguiente esquema, aunque más adelante las estudiarás de una forma más detallada:

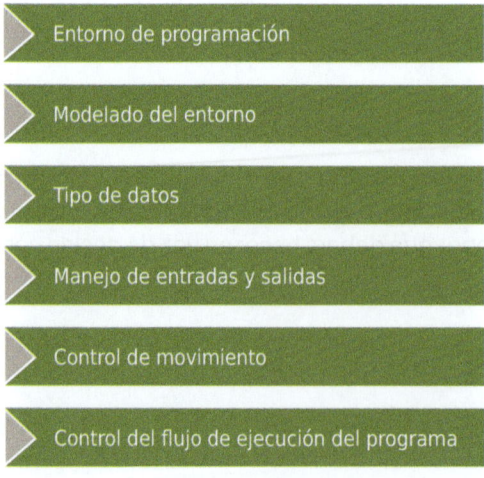

3.1. Entorno de programación

Contar con un entorno de programación ideal para programar tu robot es algo necesario, ya que, si tienes un entorno adecuado, aumentarás la productividad de la programación.

La programación de un robot es algo complicado, pues es un proceso continuo de ir probando y compilando. Por esta razón, casi todos los sistemas de programación hoy en día son de tipo interpretado, así se irá comprobando automáticamente cada proceso de programación que se realice sin necesidad de que el usuario lo esté comprobando continuamente, algo que consume bastante tiempo.

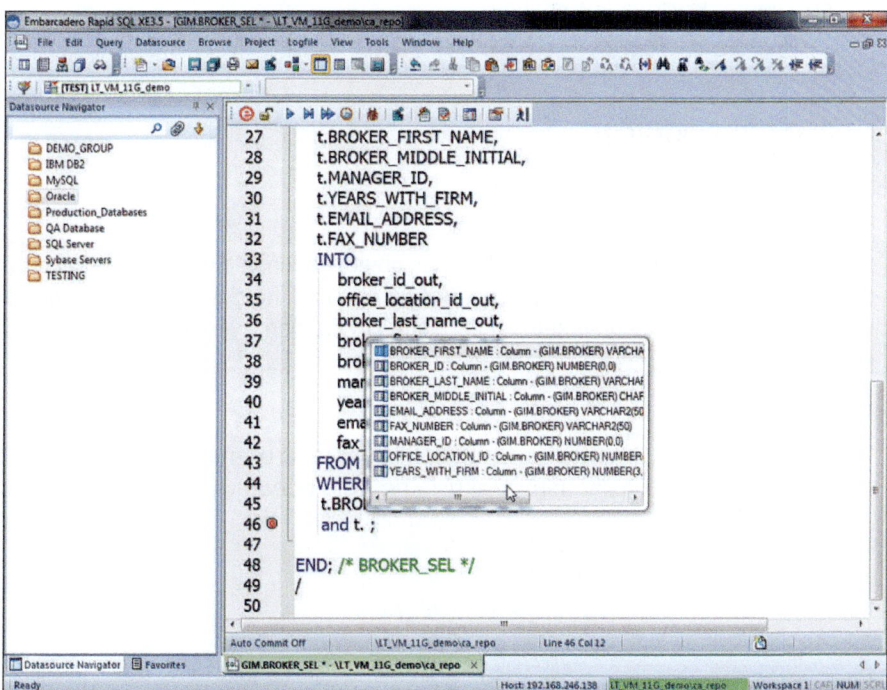

Ejemplo de entorno de programación en RAPID

Lo mejor es tener un entorno de programación ideal, con una capacidad de depuración óptima y una buena monitorización en tiempo real del desarrollo del programa.

3.2. Modelado del entorno

Este apartado se refiere a la representación que posee el robot de los objetos que hay en el entorno de trabajo, es decir, con los que debe interactuar.

En el modelado del entorno aparece el sistema de referencia denominado sistema del mundo. La definición de la posición y orientación viene dada por la asignación del sistema del mundo a cada objeto con el que interactuará el robot.

Existen modelos del entorno que establecen relaciones entre los objetos del entorno de trabajo. Los objetos pueden tener **dependencia de unión rígida** o de unión no rígida. Este tipo de modelado se va actualizando continuamente de forma automática.

 **DEFINICIÓN**

Dependencia de unión rígida
Es aquella en la que el movimiento de un objeto depende directamente del otro y viceversa, mientras que la dependencia de unión no rígida es aquella en la que movimiento de un objeto no depende directamente del otro.

Estas relaciones se actualizan automáticamente en el entorno de programación y así evitan gastar tiempo al usuario. Esto puede verse en el siguiente esquema:

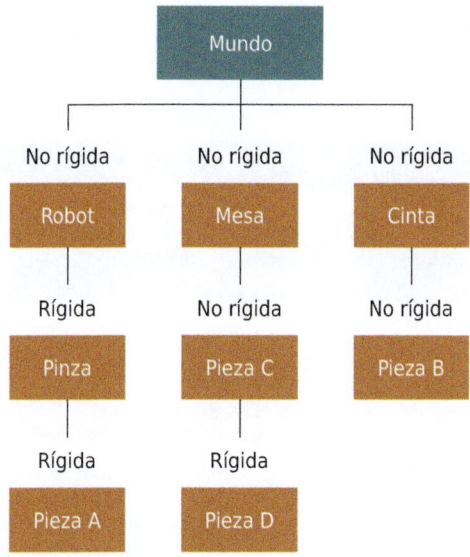

3.3. Tipos de datos

Los datos que se utilizan en los lenguajes de programación se denominan **datos convencionales** y corresponden a números enteros, reales o booleanos. Aparte de los datos convencionales, hay lenguajes de programación que presentan datos que permiten especificar la posición y orientación del robot.

 **RECUERDA**

La posición y la orientación pueden representarse con coordenadas articulares o coordenadas cartesianas.

- -

Hay varios sistemas de programación que utilizan estas representaciones por separado o en conjunto. Estos los verás a continuación:

VAL II
- Emplea coordenadas articulares ($q_1...q_6$) y coordenadas cartesianas y ángulos de Euler (p_x, p_y, p_z, α, β, ϒ). Existe la posibilidad de emplear matrices de transformación homogénea.

AML
- Emplea coordenadas cartesianas y ángulos de Euler (p_x, p_y, p_z, α, β, ϒ).

ARLA
- Emplea coordenadas cartesianas y cuaternios (p_x, p_y, p_z, $\cos_{\theta/2}$, $h_x \text{sen}_{\theta/2}$, $h_y \text{sen}_{\theta/2}$, $h_z \text{sen}_{\theta/2}$).

RAPID
- Emplea coordenadas cartesianas y cuaternios (p_x, p_y, p_z, $\cos_{\theta/2}$, $h_x \text{sen}_{\theta/2}$, $h_y \text{sen}_{\theta/2}$, $h_z \text{sen}_{\theta/2}$). Existe la posibilidad de emplear matrices de transformación homogénea.

V+
- Emplea coordenadas cartesianas y ángulos de Euler (p_x, p_y, p_z, α, β, ϒ). Existe la posibilidad de emplear matrices de transformación homogénea.

AL
- Emplea coordenadas articulares ($q_1...q_6$) y matrices de transformación homogénea.

3.4. Manejo de entradas y salidas

La comunicación con otras máquinas o procesos se consiguen mediante el uso de señales binarias de entrada y salida. Gracias a estas señales, un robot puede saber cuándo comenzar una acción o indicarle a otra máquina que empiece una tarea.

DEFINICIÓN

Señales binarias

Son aquellas que solo pueden adoptar uno de dos posibles estados: el estado de señal "0" y el estado de señal "1".

- -

Las entradas binarias están controladas siguiendo un flujo de programa establecido para el robot. Las entradas se irán activando según este flujo y variarán su valor en función de condicionantes o esperas de tiempo. Los condicionantes se conocen como interrupciones, es decir, si se activa una señal binaria de entrada determinada, se interrumpe el flujo normal del programa para ejecutarse una subtarea, mientras que las salidas binarias se activan o desactivan cuando el robot lo indique.

NOTA

Hay robots programados para que comiencen a funcionar cuando se active una señal binaria de entrada.

- -

La comunicación puede realizarse mediante red local o conexión punto a punto. La conexión punto a punto permite controlar el robot desde un ordenador externo, ofreciendo la posibilidad de controlar el robot desde otra ubicación sin estar presente en el lugar donde se encuentra el robot. Los lenguajes de programación RAPID y VAL II permite este tipo de conexión.

Las interrupciones comentadas anteriormente pueden darse gracias a la utilización de sensores, ya que, si un sensor detecta una información determinada, puede activarse una señal binaria de entrada que interrumpe el flujo normal para realizar otro tipo de tarea. Los sensores pueden proporcionar información como:

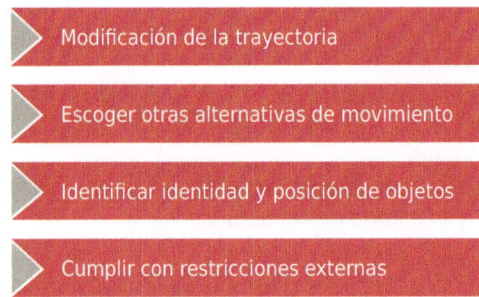

Modificación de la trayectoria

Escoger otras alternativas de movimiento

Identificar identidad y posición de objetos

Cumplir con restricciones externas

3.5. Control de movimiento del robot

Si algo es esencial en la programación de un robot es poder establecer el movimiento de este, ya que, si no, no tendría sentido el robot. En el sistema de programación el usuario deberá establecer datos para que el robot se mueva como destino final, velocidad, aceleración, movimiento condicionado por sensores, etc.

 **RECUERDA**

Las trayectorias de un robot pueden ser punto a punto, coordinadas o continuas.

- -

Hay veces donde se presentan obstáculos en la trayectoria del robot. Para solucionar eso se recurre a la trayectoria en línea recta, pero hay sistemas de programación que poseen de forma interna puntos de paso para solucionar posibles choques por obstáculos.

Punto de paso

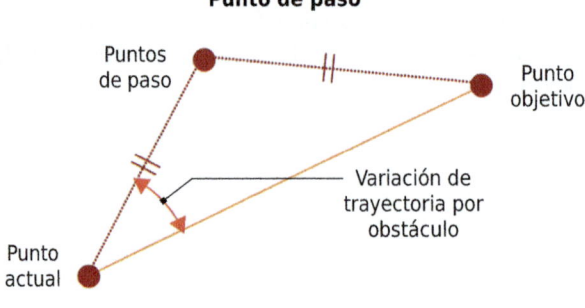

También existe la posibilidad de que un robot deba pasar sí o sí por un punto cualquiera. El lenguaje de programación RAPID permite utilizar cualquier tipo de interpolación que facilita que la trayectoria pase por un punto determinado.

Las señales registradas por los sensores pueden realizarse en varios niveles, que verás a continuación:

Primer nivel
- Corresponde a una interrupción forzada del movimiento del robot para poder verificar una condición externa previamente programada. Esto suele denominarse **movimiento protegido.**

Segundo nivel
- Corresponde a la modificación del movimiento según el destino o velocidad, así el movimiento del robot deberá adaptarse a las necesidades que presenta el entorno.

APLICACIÓN PRÁCTICA

Francisco ha visto muchos tipos de lenguajes de programación a lo largo de lo que llevas visto en esta unidad, pero a él solo le interesan los enfocados a la posición y la orientación, ¿podrías ayudarle?

Solución

Hay lenguajes de programación que permiten especificar la posición y la orientación, como VAL II, AML, ARLA, RAPID, V+ y AL.

3.6. Control de flujo de ejecución del programa

Los sistemas de programación deben poder permitir al usuario establecer flujos de ejecución de operaciones. Para ello lo normal es utilizar bucles como *for, repeat, while,* etc. Otra necesidad es poder controlar más de un robot a la vez con un solo programa; para ello se utilizan señales basadas en semáforos y ejecución de tareas de todos los robots en paralelo.

Otra condición importante es la fijación de prioridad de ejecución de interrupciones, así como activar y desactivar dichas interrupciones durante la ejecución del programa.

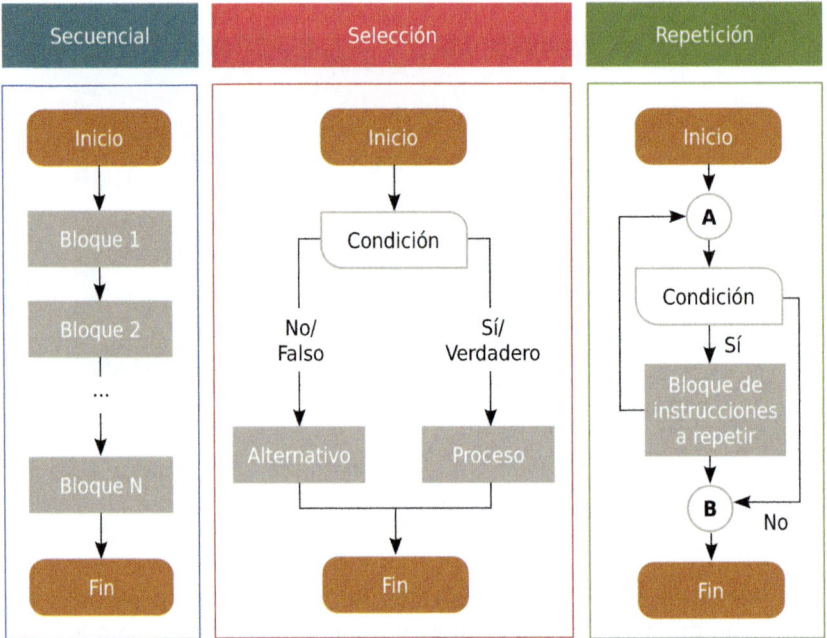

4. Conocimiento acerca del ejemplo de programación de un robot industrial

En este apartado verás un ejemplo de cómo se programa un robot industrial. La programación se realizará sobre una célula flexible de empaquetado de componentes. El proceso de la célula se define en el siguiente diagrama de flujo:

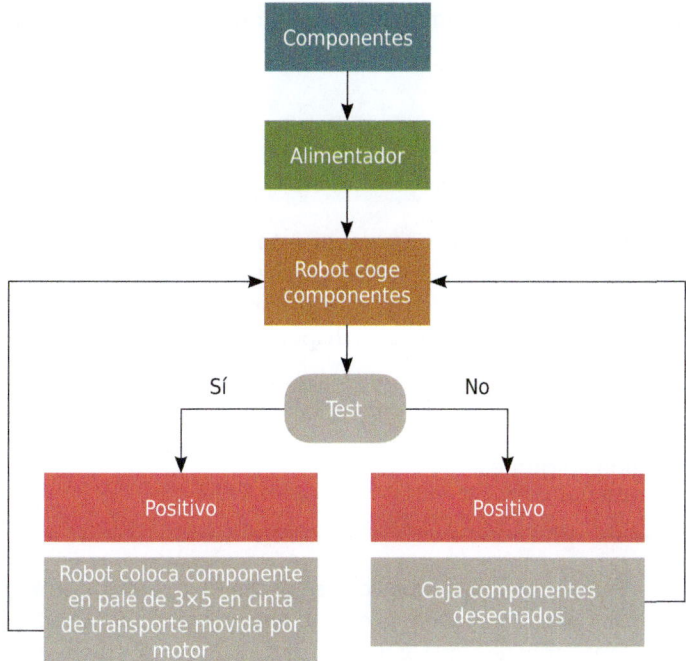

Se utilizará un robot SCARA con cuatro grados de libertad, dos para establecer la posición, el que corresponde al eje z es para subir y bajar la pinza del robot, y el cuarto para girar la pinza sobre el eje z. El lenguaje para este ejemplo es Código – R.

La célula flexible la puedes ver a continuación:

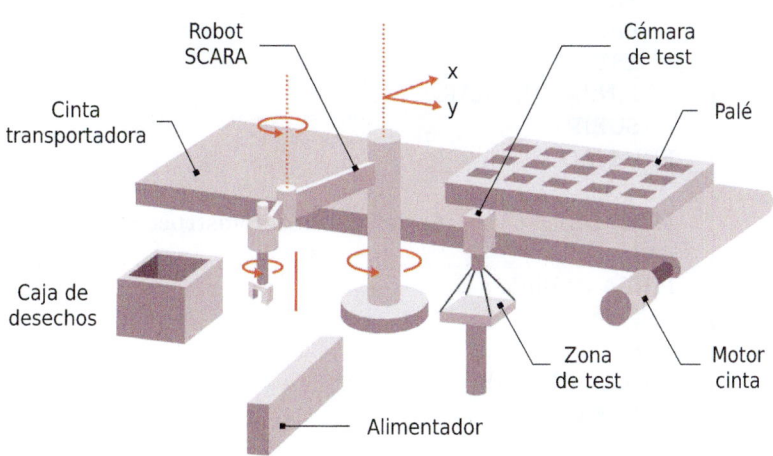

A continuación verás en qué partes se divide el código de programación para este ejemplo:

⇒ **Entradas digitales:**

Ea: indica si hay un componente en el alimentador.
Eh: indica si hay un componente en la pinza.
Et: indica si el test ha sido positivo.
Ep: indica si el palé está disponible.

⇒ **Salidas digitales:**

Sn: alarma que indica que se necesita un nuevo componente.
Sh: alarma que indica que no hay un componente en la pieza.
Sm: señal de control del motor de la cinta de transporte.
St: señal de activación del test.

⇒ **Macroinstrucciones:**

```
MAC  COG        ; Se define la macroinstrucción de coger
    PINZA = ABRIR
    BAJ
    EST 0.5
    PINZA = CERRAR
    SUBIR
END MAC

MAC  DEJ        ; Se define la macroinstrucción de dejar
BAJ
PINZA = ABRIR
EST 0.5
SUB
PINZA = CERRAR
END MAC
```

➲ **Inicialización variables:**

1	VEL = 2000	; Velocidad base de posicionamiento
2	VELa = 100	; Velocidad de giro de la pinza
3	VAR Pa = -450, 275	; Posición del alimentador
4	VAR Pt = 0, 450	; Posición del dispositivo de test
5	VAR Pi = 330, -30	; Posición del comienzo del palé
6	VAR Pd = -250, 450	; Posición almacenamiento de componentes defectuosos
7	VAR Pv = 330, -30	; Posición palé libre y auxiliar
8	VAR Pf = 330, -30	; Posición de la fila libre
10	VAR Ic = 80, 0	; Incremento de columna
11	VAR If = 0, 80	; Incremento de fila
12	VARa Op = 100	; Orientación del componente en palé
13	VARa Oa = 0	; Orientación del componente en .... alimentación
14	VARa Ot = 50	; Orientación de dispositivo de test

➲ **Llenado palé:**

100	SBR 300	; Solicita palé nuevo
101	BUC 5, filas	; Bucle de indexación de filas
102	OPE Pv = Pf	; Comienzo de fila
103	BUC 3, columnas	; Bucle de indexación de columnas
104	SAL* 100, Ep = 0	; No hay palé, comenzar proceso
105	SBR 500	; Tomar componente del alimentador
106	SBR 600	; Realizar test
107	SAL* 110, Et = 1	; Componente válido, situarlo en el palé
108	SBR 700	; Componente defectuoso, rechazarlo

Continúa en página siguiente >>

<< Viene de página anterior

109	SALT 104	; Coger un nuevo componente
110	SLD St = 0	; Test superado, desactivar y sacar componente
111	SUB	
112	SBR 400	; Colocar componente en palé
113	OPE Pv = Pv + If	; Incrementar posición de columna
114	REP columnas	; Fin de indexación de columnas
115	OPE Pf = Pf + If	; Incrementar fila
116	REP filas	; Fin de indexación de filas, palé lleno
117	SAL 100	

➲ **Nuevo palé:**

300	OPE Pv = Pi	; Inicialización de Pv
301	OPE Pf = Pi	; Inicialización de Pf
302	SLD SM = 1	; Pedir nuevo palé y activar cinta
303	EST 2	; Tiempo de evacuación del palé anterior
304	ESE Ep = 1	; Espera llegada del palé nuevo
305	SLD Sm = 0	; Parar cinta
306	RET	; Fin de nuevo palé

➲ **Colocar en palé:**

400	POS$ Pv	; Ir a posición libre en palé
401	GPZ Op	; Con la correcta orientación
402	DEJ	
403	RET	; Fin de colocar en palé

● Colocar componente:

```
500   POS$ Pa              ; Posicionarse sobre el alimentador
501   GPZ Oa               ; Orientándose correctamente
502   MON Ea = 1.506, 30   ; Monitoriza la entrada 1 durante
                             30 segundos como máximo
503   EST 30               ; Espera de 30 segundos
504   SLD Sn = 1, 10       ; Si no llega componente en 30
                             segundos
505   SAL 502              ; Alarma (Sn) durante 10 segundos y
                             se repite
506   COG                  ; Llega componente y se coge
507   SAL* 510, Eh = 0     ; Comprobar que componente ha
                             sido cogido
508   RET                  ; Fin de tomar componente
510   SLD Sh = 1,5         ; Fallo al coger el componente
511   SAL 500              ; Emitir alarma (Sh) durante 5
                             segundos y reintentar
```

● Test:

```
600   POS$ Pt       ; Posicionarse sobre dispositivo de test
601   GPZ Ot        ; Orientarse correctamente
602   BAJ           ; Introducir componente en dispositivo
603   SLD St = 1    ; Activar test
604   RET           ; Fin de test
```

● Rechazo componente:

```
700   SLD St = 0    ; Componente defectuoso
701   SUB           ; Sacar componente del dispositivo de test
702   POS$ Pd       ; Posicionarse sobre almacén de piezas malas
703   DEJ           ; Dejar componente
705   RET           ; Fin de rechazar componente
```

5. Identificación de las características básicas de los lenguajes RAPID Y V+

Vas a centrarte en dos lenguajes de programación: V+ y RAPID, de Adept Technologies y ABB respectivamente. A continuación verás una pequeña introducción a los dos lenguajes de programación.

5.1. Lenguaje de programación RAPID

Como has visto antes, el lenguaje de programación RAPID fue desarrollado por la empresa ABB en 1994. Es un lenguaje de alto nivel. Este lenguaje de programación consiste en una serie de instrucciones que describen las tareas a desempeñar por el robot. En cada instrucción se introducen parámetros tales como datos, llamadas a funciones y cadenas de caracteres.

Mediante la paleta de programación se puede realizar la programación de una forma sencilla gracias a los menús interactivos o también se pueden realizar mediante un PC para luego introducirlo en el robot.

Paleta programación ABB

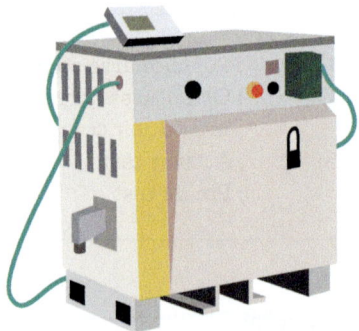

 **NOTA**

Los programas desarrollados en RAPID se denominan tareas e incluyen el programa junto a módulos de sistema, rutinas y datos.

Un programa RAPID presenta la siguiente estructura:

Programa de la tarea

Estructura programa RAPID

Las rutinas, datos posibles y estructuras en el lenguaje de programación RA-PID son los siguientes:

➲ Rutinas:

- ◑ **Procedimiento.** Se usa como instrucción. No devuelve ningún valor.
- ◑ **Función.** Se usa como expresión. Devuelve un dato específico.
- ◑ **TRAP.** Se asocian con interrupciones y solo se ejecutan si la interrupción se activa.

➲ Datos:

- ◑ **Atómico.** No se puede dividir en diferentes componentes.
- ◑ **Registro.** Formado por una cadena de componentes, los cuales pueden ser a la misma vez atómico o de registro.
- ◑ **Constantes.** Se le especifica un valor fijo que no se puede variar.
- ◑ **Variables.** Adquiere un valor nuevo durante la ejecución del programa.

ʊ **Persistentes.** Cada vez que cambia su valor también cambia el valor inicializado.

➲ Estructuras:

ʊ **Confdata.** Es la estructura que especifica la configuración del robot.
ʊ **Loaddata.** Describe la carga colocada en la muñeca del robot.
ʊ **Tooldata.** Es la estructura que especifica las características de la herramienta.
ʊ **Robtarget.** Define la localización del robot y de los ejes extremos.
ʊ **Motsetdata.** Define algunos parámetros de movimiento que afectan a las instrucciones de posicionamiento del programa.

El lenguaje de programación RAPID posee una librería con una alta variedad de instrucciones para controlar el flujo de ejecución del programa, como rutinas con distintos parámetros, bucles, operaciones aritméticas y funciones matemáticas. Las instrucciones generales se muestran en la siguiente tabla:

Instrucciones lenguaje programación RAPID

=	Asignar un valor	Offs ()	Desplazamiento de la posición del robot
Abs ()	Obtener valor absoluto	Open	Apertura de un fichero
AInput ()	Leer valor señal de entrada analógica	Present ()	Comprobar que se utiliza un parámetro opcional
AccSet	Reducir aceleración	PrucCall	Llamada a un nuevo procedimiento
Add	Sumar un valor numérico	PulseDO	Generar un pulso en una señal digital de salida
Clear	Borrar un valor	RAISE	Llamada a manejador de errores
ClkStart	Iniciar reloj para la toma de tiempos	RelMove	Continuar con el movimiento del robot
ClkStop	Parar reloj para la toma de tiempos	Reset	Reset de una salida digital
Comment	Comentario	RETRY	Recomenzar tras un error
CompactIF	Si se cumple una condición, entonces...	RETURN	Termina la ejecución de una rutina
ConfJ	Controlar la configuración durante movimiento articular	Set	Set de una salida digital

Continúa en página siguiente >>

<< Viene de página anterior

Instrucciones lenguaje programación RAPID

ConfL	Monitoriza la configuración del robot en línea recta	SetAO	Cambiar el valor de una salida analógica
Decr	Decrementar en 1	SetDO	Cambiar el valor de una salida digital
EXIT	Terminar ejecución programa	SetGO	Cambiar el valor de un grupo de salidas digitales
FOR	Repetir un número de veces	SingArea	Definición de la interpolación alrededor de puntos singulares
GetTime ()	Lee valor a la hora actual	Stop	Parar la ejecución de un programa
GOTO	Ir a una nueva instrucción	TEST	Dependiendo del valor de la expresión...
GripLoad	Definir la carga del robot	TPErase	Borrar el texto de la paleta de programación
HoldMove	Interrumpir el movimiento del robot	TPReadFK ()	Leer las teclas de función de la paleta de programación
If	Si se cumple una condición, entonces...	TPWrite	Escribir en la paleta de programación
Incr	Incrementar en 1	VelSet	Cambiar la velocidad programada
InvertDO	Invertir valor salida digital	WaitDI	Esperar hasta el set de una entrada digital
Label	Nombre de una línea	WaitTime	Esperar un tiempo determinado
LimConfL	Definir la desviación permitida en la configuración del robot	WaitUntil	Esperar hasta que se cumpla una condición
MoveC	Mover el robot en movimiento circular	WHILE	Repetir mientras...
MoveJ	Movimiento articular del robot	Write	Escribir en un fichero de caracteres
MoveL	Movimiento del robot en línea recta	WriteBin	Escribir en un canal serie binario

A continuación vas a ver un sencillo ejemplo: una cinta transporta una pieza, la cual es sometida a inspección y, si es defectuosa, un robot la coge y la pone en la caja de desecho, y si no, la da por buena.

Mediante RAPID se crean las variables y rutinas para poder controlar este proceso:

➲ **Programa principal:**

```
PROC main ()
    Ir_posición_espera              ; Mover a posición de espera
    WHILE DInput (terminar) = 0 DO  ; Esperar señal de
                                      terminar
        IF DInput (pieza_defectuosa) = 1 THEN ; Esperar señal de
                                                pieza defectuosa
        SetDO activar_cinta, 0;      ; Parar cinta
```

➲ **Inicialización de variables:**

```
PERS tooldata herramienta := [FALSE, [[97, 0, 223], [0.924, 0,
0.383, 0]], [5, [-23, 0, 75], [1, 0, 0, 0], 0, 0, 0]]
PERS loaddata carga := [5, [50, 0, 50], [1, 0, 0, 0], 0, 0, 0]

VAR signaldo pinza              ; activación pinza
VAR signaldo activar_cinta      ; activación cinta
VAR signaldo pieza_defectuosa   ; pieza defectuosa
VAR signaldo terminar           ; programa terminado
VAR robtarget conf_espera       ; indica que se puede recoger la
                                  pieza defectuosa
```

➲ **Rutina pieza:**

```
PROC Coger ()
    Set pinza          ; Cerrar pinza activando la señal digital
                         pinza
    WaitTime 0.3       ; Espera 0,3 segundos
```

Continúa en página siguiente >>

<< *Viene de página anterior*

```
    GripLoad carga      ; Pieza cogida
ENDPROC

PROC Dejar ()
    Reset pinza          ; Abrir pinza
    WaitTime 0.3         ; Espera 0,3 segundos
    GripLoad LOAD ()     ; No hay pieza cogida
ENDPROC
```

➲ **Rutina coger pieza:**

```
PROC Coger_pieza ()
    MOVEJ*, VMAX, z60, herramienta    ; Movimiento en
                                        articulares con poca
                                        precisión
    MOVEL*, V500, z20, herramienta    ; Movimiento línea recta
                                        con precisión
    MOVEL*, V150, FINE, herramienta   ; Bajar con precisión
                                        máxima
    Coger                              ; Coger la pieza
    MOVEL*, V200, z20, herramienta    ; Subir con la pieza
                                        cogida

ENDPROC
```

➲ **Rutina dejar pieza:**

```
PROC Dejar_pieza ()
    MOVEJ*, VMAX, z30, herramienta      ; Mover a almacén
                                          piezas malas
    MOVEJ*, V300, z30, herramienta
    Dejar                                ; Dejar la pieza
ENDPROC
```

⊃ **Rutina posición de espera:**

```
PROC Ir_posición_espera ()
    MOVEJ conf_espera, VMAX, z30, herramienta    ; Mover
                                                  posición
                                                  inicial

ENDPROC
```

A todo programa se le pueden hacer mejoras. Normalmente, tras revisar la primera programación, se descubren formas más simplificadas de realizar el mismo código.

5.2. Lenguaje de programación V+

Este lenguaje de programación, al igual que el lenguaje de programación RAPID, es de alto nivel. Fue desarrollado en 1989 por Adept Technology. En sus inicios se utilizaba en funciones de soldadura o de pintura y se usaba el método de programación por guiado, método que has visto anteriormente.

Actualmente, las tareas a realizar son bastante más complejas y se necesita una buena interacción entre el usuario y el robot, por eso se requieren lenguajes de programación de alto nivel como V+.

El lenguaje de programación V+ presenta las siguientes ventajas:

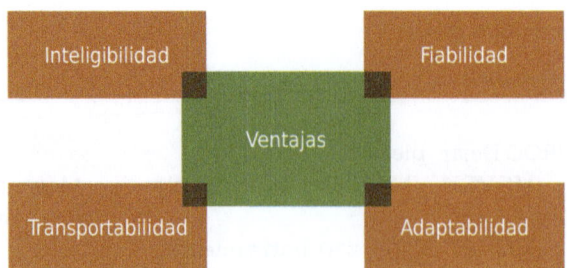

El lenguaje de programación V+ permite ejecutar varios programas al mismo tiempo, por ejemplo, puedes ejecutar una parte de control y otra parte con programas independientes al control. V+ se caracteriza por poder administrar siete tareas, donde la tarea 0 corresponde a la parte de control, ya que es la de mayor prioridad.

En este lenguaje de programación no se denominan instrucciones de interrupción las llamadas a otras subrutinas, sino que se denominan llamadas a eventos. Los eventos deben habilitarse si quieres que se produzcan, por tanto, si están habilitados y ocurre uno, se interrumpe el desarrollo normal para realizar el evento que corresponde.

NOTA

V+ es un proceso asíncrono porque la ejecución no está sincronizada con el flujo normal del programa.

En V+ se pueden usar variables, las cuales de ellas va a depender mucha parte de la programación, ya que con ellas pueden activarse los eventos gracias a los condicionantes, por ejemplo. A continuación verás los tipos de variables que presenta V+:

Globales
- Los programas guardados en memoria del sistema pueden acceder a este tipo de variables. Como inconveniente, una subrutina puede modificar el valor que está usando un programa en concreto. Para evitarlo se usan variables locales y automáticas.

Locales
- Una variable definida inicialmente puede pasar a hacerse local con la instrucción LOCAL. Mantiene su valor aunque el programa se cierre, pero si varias tareas usan el mismo programa, la variable puede entrar en conflicto. Para evitarlo se usan variables automáticas.

Continúa en página siguiente >>

<< Viene de página anterior

Automáticas
- Se crean mediante la instrucción AUTO. Solo se pueden acceder a ellas mediante el programa como las locales. Cada vez que se entra al programa se crea una copia automáticamente de la variable, aunque se pierde cada vez que se sale del programa. Si se usan varias tareas al mismo tiempo, la variable no entra en conflicto, ya que la misma variable está copiada tantas veces como tareas haya.

Al igual que en RAPID, V+ presenta una variedad de instrucciones, las cuales verás en la siguiente tabla:

Etiqueta	Identificar una línea con un número entre 0 y 65535	**GOTO**	Varían el flujo de ejecución del programa
Comentario	Se coloca un comentario después de ;	**CALL**	Varían el flujo de ejecución del programa
.PROGRAM	Se coloca al principio del programa seguido del nombre de programa y parámetros a recibir y devolver	**IF...GOTO**	Varían el flujo de ejecución del programa
END	Final del programa	**WAIT**	
HERE	Especificar el contexto de las variables locales y automáticas	**STOP**	
POINT	Especificar el contexto de las variables locales y automáticas	**REACT**	Habilitan procesos asíncronos
TEACH	Especificar el contexto de las variables locales y automáticas	**REACTE**	Habilitan procesos asíncronos
Comando	Representa el nombre de un comando	**REACTI**	Habilitan procesos asíncronos
@tarea:programa	Especifica el contexto para las variables referenciadas en los parámetros del comando. Tarea es un entero que indica una tarea del sistema y programa el nombre del programa en la memoria del sistema		

Dependiendo del tipo de instrucciones que se utilicen, hay tres tipos de programas que se pueden utilizar, los cuales verás a continuación:

Programas de control del robot
- Es aquel que controla al robot de una forma directa. Se ejecutan con la tarea principal, aunque pueden ser ejecutados en cualquier tarea. Contienen cualquier tipo de instrucción.

Continúa en página siguiente >>

<< Viene de página anterior

Programas de control de propósito general
- No controla al robot. Puede haber varios programas ejecutándose al mismo tiempo que el programa de control del robot. Normalmente no pueden ejecutar instrucciones de movimiento del robot.

Programas de comandos del monitor
- Formada por comandos de monitor en vez de instrucciones. Realiza secuencias de comandos del monitor.

A continuación vas a ver un sencillo ejemplo, donde un robot debe realizar operaciones de manipulación. El robot ha de realizar una tarea *pick & place* y hay dos programas, comunicación con la estación y control del robot, que se ejecutan en paralelo.

Mediante V+ se realizará este ejemplo:

➲ **Comunicación con la estación:**

```
.PROGRAM comunica ()

; PROGRAMA DE COMUNICACIÓN CON LA ESTACIÓN
lu_est = 10                 ; asigna a la unidad lógica de la
                              estación el valor 10
hay_cod_fun = FALSE         ; indica que no hay código de función
                              disponible
$mens_ttir = ""             ; el mensaje a transmitir es una
                              cadena vacía
hay_sys_err = FALSE         ; indica que no hay error del sistema

; CÓDIGOS DE ERROR
er_rob.no.ok = 256
```

● Control del robot:

```
; INICIALIZA EL CONTROL DEL ROBOT

SPEED 20            ; se asigna la velocidad del robot
READY              ; prepara al robot posicionándole en la
                     posición de espera
DETACH (0)          ; se libera al robot de la tarea #0
EXECUTE 1 robot ()    ; se ejecuta el programa de control del
                        robot con la tarea #1 y se ejecutan en
                        paralelo

; ESTABLECIMIENTO DE LA CONEXIÓN ROBOT – ORDENADOR
10  TYPE "Esperando establecer la conexión..."    ; mensaje por
                                                    pantalla
     ATTACH (lu_est, 0)          ; se asigna la línea de
                                   comunicación al programa

; se establece un bucle que controla si la comunicación se realiza
con éxito
IF IOSTAT (lu_est, 0) <= 0 THEN
    TYPE "¡Error al intentar establecer la comunicación!"
    DETACH (lu_est)                ; libera la unidad lógica de
                                     la tarea

    GOTO 10
ELSE
    TYPE "Robot conectado a la estación"
END
; RECEPCIÓN Y DECODIFICACIÓN DE ÓRDENES

20 DO
      IF (hay_syst_err) THEN
         WRITE (lu_est) $mens_ttir, /S
      END
      READ (lu_est, , ]) $mens_rbdo
   UNTIL (IOSTAT (lu_est, 0) <> -256)

; se comprueba el estado del canal de comunicación
comprobando que la recepción es correcta
```

Continúa en página siguiente >>

<< Viene de página anterior

```
IF IOSTAT (lu_est, 0) <= THEN
    TYPE "¡iostat error!", IOSTAT (lu_est, 0)
    TYPE "Recepción incorrecta de orden"
    DETACH (lu_est)              ; se libera la unidad lógica de la
                                  tarea asignada
    GOTO 10
END


;
cod_fun = ASC ($MID ($mens_rbdo, 1, 1))

; EJECUCIÓN DE ÓRDENES
;

    IF ((STATE (1) <> 2) OR (cod_fun == 4)) THEN
        hay_cod_fun = TRUE          ; da paso al programa del
                                      robot que estaba en espera
                                      activa
        WAIT (NOT hay_con_fun)      ; espera a que se haya
                                      ejecutado la orden
    ELSE
        $mens_ttir = $CHR (50 + cod_fun) + $INTB (er_rob.no.ok)

; TRANSMISIÓN DE MENSAJES

WRITE (lu_est) $mens_ttir, /S      ; se envía el mensaje a
                                     través de la unidad lógica
; se comprueba si hay error en la transmisión. En ese caso se
restablece la conexión

IF IOSTAT (lu_est) <= 0 THEN
    TYPE "Error en la transmisión de "
    TYPE ASC ($MID ($mens_ttir, 1, 1))
    DETACH (lu_est)          ; se libera el canal de comunicación
    GOTO 10                  ; se restablece la conexión
END

hay_syst_err = FALSE        ; indica que no ha habido error

GOTO 20                     ; espera a una nueva orden
END                         ; fin del programa de comunicación
```

⊃ Programa de control:

```
.PROGRAM robot ()

; INICIALIZACIÓN DE LAS VARIABLES

altura = 20          ; indica la altura de aproximación y salida
                       en milímetros
rápido = 150         ; indica la velocidad rápida
lento = 30           ; indica la velocidad lenta

; PUNTO DE REENTRADA TRAS SYST_ERR
TYPE "El programa de control ha sido relanzado"

REACTE errores       ; habilita el proceso asíncrono de ..............
                       tratamiento de errores

20 WAIT (hay_cod_fun)    ; espera hasta que esté disponible un
                           código de función
     TYPE "Código recibido", cod_fun    ; indica a través del
                                          monitor el código que
                                          se ha recibido
     CASE cod_fun OF
         VALUE 1:     ; inicialización
             ; aquí se incluiría el código de inicialización
         VALUE 2:     ; parada
             ; aquí se incluiría el código de parada
VALUE 3:     PICK & PLACE
TYPE "Recibida la orden de PICK & PLACE"
ATTACH (0)  ; asignan al programa la tarea número 0

         SET pos_in = TRANS (431, 610, 523, 0, 180, 45)
             ; indica el punto de recogida de las piezas
         SET pos_dej = TRANS (227, -548, 712, 0, 180, 45)
             ; indica el punto de dejada de las piezas

; comienza la operación de picking

     SPEED rápida ALWAYS      ; selecciona la velocidad
```

Continúa en página siguiente >>

<< Viene de página anterior

```
        ACCEL 90, 75              ; selecciona la aceleración
        APPRO pon_in, altura      ; se aproxima al punto de
                                    recogida a una distancia "altura"
        SPEED lenta               ; reduce la velocidad
        MOVE pos_in               ; se mueve al punto de recogida
        CLOSEI                    ; se cierra la pinza
        DEPARTS altura            ; se separa hasta una distancia
                                    "altura"

; operación de dejada de la pieza

        SPEED rápida ALWAYS       ; selecciona la velocidad
        ACCEL 90, 75              ; selecciona la aceleración
        APPRO pos_dej, altura     ; se aproxima al punto de dejada a
                                    una distancia "altura"
        SPEED lenta               ; reduce la velocidad
        MOV pos_dej               ; se mueve al punto de dejada
        OPENI                     ; abre la pinza
        DEPARTS altura            ; se separa hasta una distancia
                                    "altura"
    END                       ; fin de la instrucción CASE

    hay_cod_fun = FALSE  ; indica que ya no hay código de función
    GOTO 20               ; regresa al estado de espera
    END                  ; fin del programa de control
```

➲ **Errores:**

```
.PROGRAM errores ()

    TYPE "Rutina de tratamiento de errores del sistema V+"
    TYPE "Error número: ", ERROR (-1)
    TYPE "Mensaje: ", $ERROR(ERROR(-1))

error = ABS (ERROR (-1))      ; asigna el error que se ha
                                producido
```

Continúa en página siguiente >>

<< *Viene de página anterior*

```
$cod_er = $INTB (error)      ; comprueba el error
hay_syst_err = TRUE          ; indica que se ha producido un
                               error

hay_cod_fun = FALSE          ; indica que no hay código de
                               función

EXECUTE 2 err_robot ()       ; ejecutar el programa err_robot
                               asignándole la tarea 2
CYCLE.END 2
RETURN
END                          ; fin del programa de tratamiento
                               de errores

.PROGRAM err_robot ()
    ABORT 1        ; aborta la ejecución del programa de .............
                     control del robot
    CYCLE.END 1
    EXECUTE 1 robot ()    ; ejecuta el programa de control del
                            robot asignación tarea #1
    ABORT 2
END                      ; fin del programa err_robot ()
```

TAREA 6

Francisco, tras estudiar las trayectorias y cómo se programa un brazo robótico, quiere que su robot esté en su posición inicial, vaya a la posición de una mesa situada a 20 cm, abra la pinza, baje 5 cm, cierre la pinza y coja una lata de refresco, la cual debe llevar hasta la papelera, situada a 20 cm a la derecha de la mesa.

Con estos datos, realiza un pequeño programa con RAPID que permita que el robot realice las funciones ya comentadas.

6. Resumen

Una vez que sabes qué trayectoria, velocidad y aceleración necesita cada articulación de tu robot, solamente necesitas programar al robot para que realice la tarea para la que fue creado.

Hay diferentes criterios que se aplican para los lenguajes de programación:

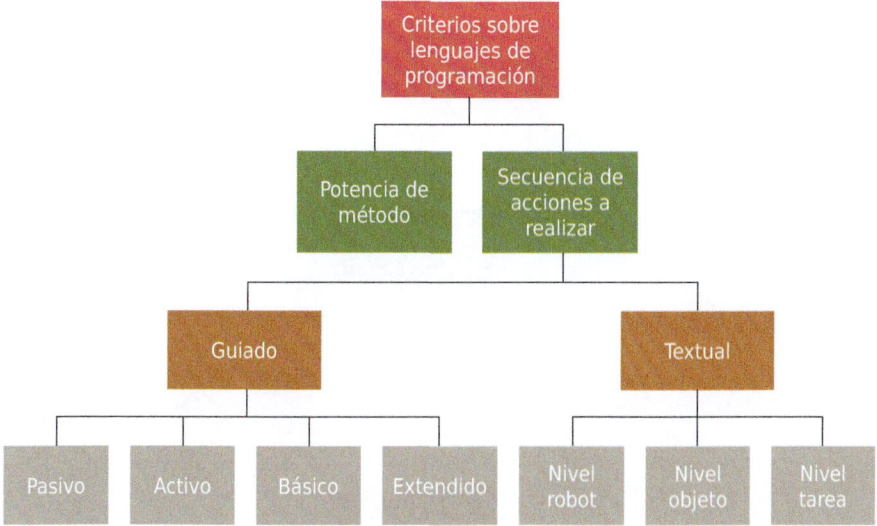

Los lenguajes de programación deberán cumplir una serie de requerimientos para dar un mejor rendimiento:

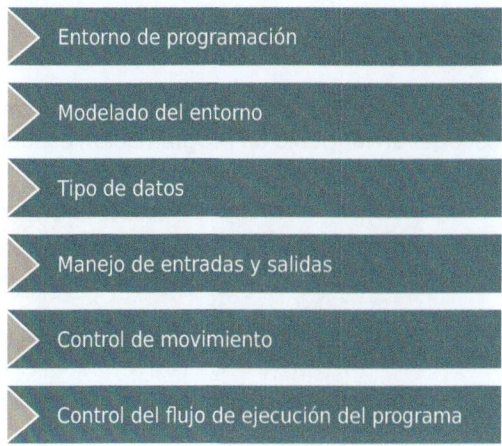

Los lenguajes más adecuados para la programación de robots son RAPID y V+. Los dos son lenguajes de alto nivel. Mediante una paleta de programación o un ordenador se programa en RAPID. El lenguaje de programación V+ ofrece una perfecta interacción entre usuario y robot.

El lenguaje RAPID presenta una serie de rutinas, datos y estructuras:

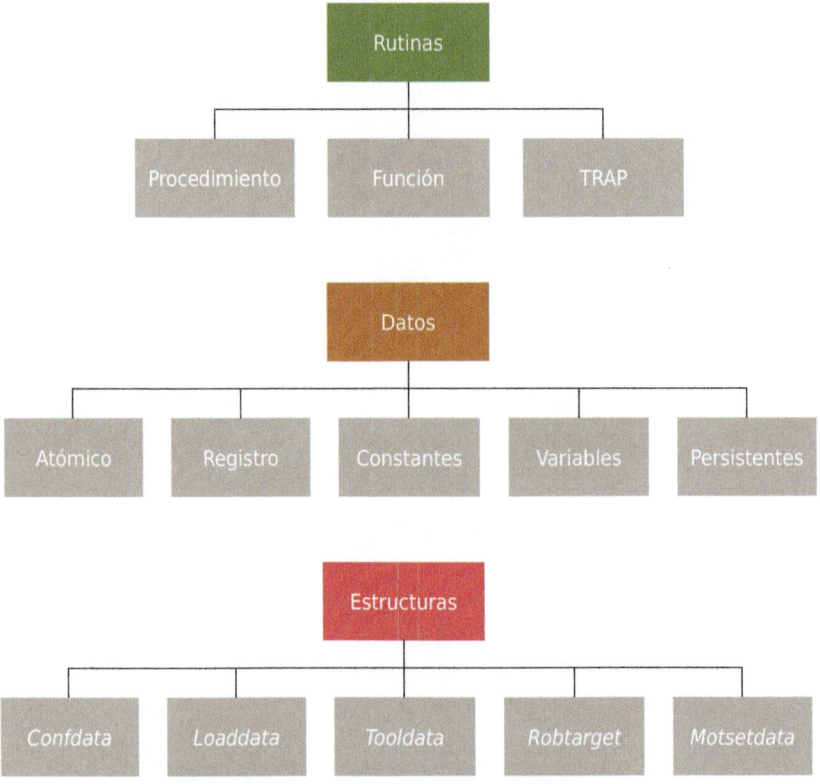

El lenguaje de programación V+ presenta unas ventajas a tener en cuenta a la hora de escoger un lenguaje de programación específico:

Las variables juegan un papel fundamental en la programación, ya que gracias a ellas se pueden producir interrupciones en el flujo del programa para realizar otro tipo de tareas. En V+ se utilizan las siguientes variables:

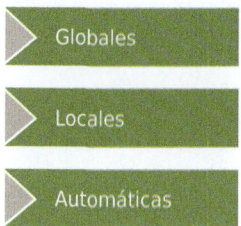

Globales

Locales

Automáticas

Según las instrucciones que se vayan a utilizar, en V+ hay tres tipos de programas:

Programas de control del robot

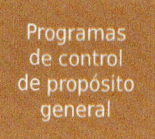

Programas de control de propósito general

Programas de comandos del monitor

Ejercicios de autoevaluación
Unidad de Aprendizaje 6

1. ¿Para qué utiliza el usuario la programación?

    a. Para controlar las características de un robot.
    b. Para controlar las variables de un robot.
    c. Para controlar las instrucciones de un robot.
    d. Para controlar las características.

2. ¿Qué criterios siguen los lenguajes de programación?

    a. Potencia de método.
    b. Secuencia de método.
    c. Potencia de acciones a realizar.
    d. Secuencia de acciones a realizar.

3. ¿En qué nivel se encuentra el lenguaje de programación AL?

    a. Nivel robot
    b. Nivel objeto
    c. Nivel tarea
    d. Nivel usuario

4. ¿Qué se entiende por señal binaria?

    a. Es aquella que puede adoptar un estado: 0.
    b. Es aquella que puede adoptar dos estados: 1 y 2.
    c. Es aquella que puede adoptar un estado: 1.
    d. Es aquella que puede adoptar dos estados: 0 y 1.

5. Determina si la siguiente oración es verdadera o falsa: "Una señal binaria se activa gracias a un sensor y se produce una interrupción en el lenguaje de programación".

    ■ Verdadero
    ■ Falso

6. ¿Cómo se puede realizar un programa con RAPID?

    a. Robot
    b. Disco externo
    c. Paleta de programación
    d. Ordenador

7. Determina si la siguiente oración es verdadera o falsa: "La instrucción MOVEJ mueve el robot en movimiento circular".

    ■ Verdadero
    ■ Falso

8. Las ventajas del lenguaje de programación son:

    a. Transportabilidad
    b. Inteligibilidad
    c. Funcionalidad
    d. Adaptabilidad
    e. Fiabilidad

9. Determina si la siguiente oración es verdadera o falsa: "El lenguaje de programación V+ es un proceso síncrono".

    ■ Verdadero
    ■ Falso

10. Si quieres programar la apertura de la pinza del robot (suponiendo que la pinza inicialmente está cerrada) en lenguaje RAPID, deberás:

    a. VAR signaldo pinza // Reset pinza
    b. PROC Abrir () // Reset pinza
    c. VAR signaldo pinza // PROC Abrir () // Set pinza
    d. VAR signaldo pinza // PROC Abrir () // Reset pinza

Identificación de los criterios de implantación de un robot industrial

Contenido

Objetivos

El objetivo general de esta Unidad de Aprendizaje es:

→ Estudiar la posibilidad de insertar un robot industrial en una célula flexible y conocer sus posibles riesgos.

Los objetivos específicos de esta Unidad de Aprendizaje son:

→ Estudiar el diseño de una célula flexible.

→ Conocer las características necesarias a la hora de elegir un robot.

→ Conocer la normativa de seguridad en células robotizadas.

→ Estudiar la rentabilidad y viabilidad de un proyecto robotizado.

1. Introducción

En unidades anteriores, viste cómo poder posicionar y orientar un robot, qué trayectoria puede seguir un robot y, por último, cómo programar un robot para que realice lo anteriormente comentado.

Un robot industrial no se encuentra solo en una habitación, sino que forma parte de un proceso, normalmente en una célula flexible, es decir, tiene una función determinada en un proceso, donde hay otras máquinas.

En esta unidad verás cómo implantar un robot en un entorno industrial pasando desde el punto de vista técnico hasta un punto de vista económico.

Aprenderás la seguridad preventiva en instalaciones industriales y la normativa que la rige actualmente.

Para esta unidad, seguiremos centrándonos en el caso de Francisco, que quiere saber cómo podría ubicar su pequeño robot en un proceso industrial para posteriormente plasmarlo en su trabajo final de curso.

2. Aplicación del diseño y control de una célula robotizada

☞ HILO CONDUCTOR

Francisco ya sabe cómo programar su robot y ahora quiere llegar algo más lejos: pretende hacer una pequeña maqueta de una célula flexible con un par de procesos más.

Para implantar un robot en un entorno industrial se deberán tener muchos aspectos en cuenta, como mesas, alimentadores de corriente, máquinas hidráulicas, máquinas neumáticas, etc. Una vez se tiene todo diseñado, entra en escena el concepto de *lay-out.*

 **DEFINICIÓN**

Lay-out

Consiste en el diseño final de un entorno de trabajo. En robótica se entiende como el diseño final de una célula flexible.

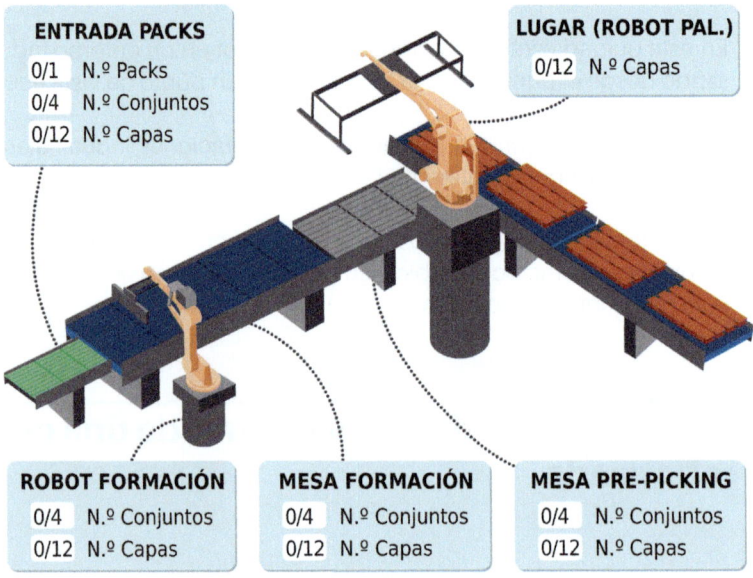

ENTRADA PACKS

0/1 N.º Packs
0/4 N.º Conjuntos
0/12 N.º Capas

LUGAR (ROBOT PAL.)

0/12 N.º Capas

ROBOT FORMACIÓN

0/4 N.º Conjuntos
0/12 N.º Capas

MESA FORMACIÓN

0/4 N.º Conjuntos
0/12 N.º Capas

MESA PRE-PICKING

0/4 N.º Conjuntos
0/12 N.º Capas

Ejemplo de lay-out en célula flexible

Por tanto, en el *lay-out* se debe especificar de forma detallada todo lo que vaya a formar parte de la célula, es decir, dividir en etapas la célula y en cada etapa indicar todo lo que contenga dicha etapa de la forma más detallada posible.

 **NOTA**

Para la realización del *lay-out* se necesitan usuarios especializados y normalmente con un alto nivel en herramientas de diseño como *AutoCad*.

Una vez se está diseñando el *lay-out,* una cuestión importante es la de dónde se implantará el robot en la célula. Para ello, se plantean cuatro situaciones básicas para poder encontrar una solución. Las situaciones son colocar el robot en el centro de la célula, en línea, móvil y suspendido.

A continuación vas a ver estas **cuatro situaciones** más detalladamente.

2.1. Robot en el centro de la célula

Consiste en incluir el robot industrial en el centro de la célula flexible, así abarca más espacio de trabajo. Se utiliza normalmente en células en las que todas sus estaciones necesitan que el robot actúe sobre ellas.

NOTA

Los robots utilizados suelen ser articulares, polares, cilíndricos o SCARA.

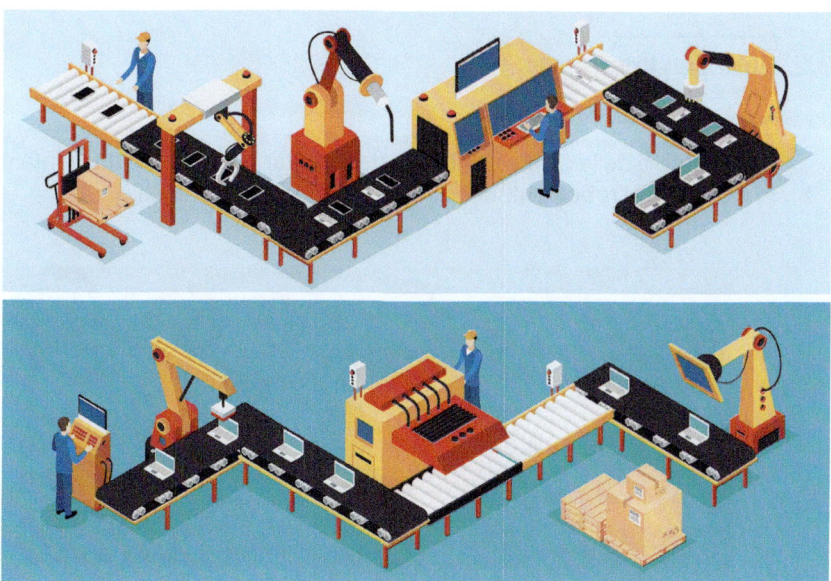

Robot colocado en el centro de la célula flexible

NOTA

Suele utilizarse en tareas de soldadura al arco, paletizado o ensamblado.

VÍDEO

A continuación verás un vídeo de un robot en el centro de una célula flexible:

https://redirectoronline.com/fmem009po0701

2.2. Robot en línea

Si el objetivo de la célula flexible es transportar material por una cinta y que lo manipule el robot, entonces su disposición será en línea.

Robots colocados en línea

 **EJEMPLO**

Varios robots están colocados en línea y van siguiendo un proceso, como pintura. El primer robot coge el objeto a pintar, el segundo lo pinta, el tercero lo barniza y el cuarto lo coge y los coloca en una caja de almacenamiento.

El transporte del material puede ser de dos tipos, los cuales podrás ver a continuación:

Intermitente
- Cada robot colocado en línea tiene delante una pieza para realizar la tarea determinada. Una vez acabada, o espera a que los demás acaben o bien puede darle salida a la pieza para que le llegue una nueva.

Continuo
- La cinta de transporte no se detiene y el robot deberá trabajar sobre la pieza mientras está en movimiento, por lo que la velocidad de la cinta deberá limitarse para que el robot acabe su tarea en el menor tiempo posible.

 **VÍDEO**

A continuación podrás ver un vídeo de un proceso con robots en línea:

https://redirectoronline.com/fmem009po0702

2.3. Robot móvil

Hay ocasiones en las que en el transporte continuo de la pieza se necesita que el robot esté siempre a la misma distancia un tiempo determinado. Esto se consigue con un robot móvil, es decir, se coloca un robot en una vía que le dota de otro grado de libertad para moverse en paralelo a la pieza transportada.

 **NOTA**

El robot seguirá la pieza hasta acabar ese proceso; una vez acabado, deberá volver a su posición inicial para comenzar un nuevo proceso con otra pieza.

Este tipo de disposición en una célula flexible es para abarcar más campo de aplicación para piezas de grandes dimensiones.

 **EJEMPLO**

En un proceso de pintura de una parte de la carrocería de un coche, al presentar grandes dimensiones, el robot no llegaría a pintar toda la pieza ubicada en el mismo sitio, por tanto, al poder moverse en un eje podrá pintar toda la pieza sin problemas.

Robot móvil

 **VÍDEO**

A continuación verás un vídeo donde se muestra un tipo de robot móvil:

https://redirectoronline.com/fmem009po0703

2.4. Robot suspendido

En ocasiones el robot no puede acceder a la parte superior de la pieza al tener más altura que el robot, por eso se utiliza el robot suspendido.

Con este tipo de robot se consigue abarcar toda el área de trabajo que, con otro tipo de disposición, no se conseguía llegar.

 **NOTA**

El robot suspendido se suele utilizar en tareas como soldadura, pintura, corte o aplicación de adhesivos. En la actualidad hay robots suspendidos en aplicaciones médicas para operaciones.

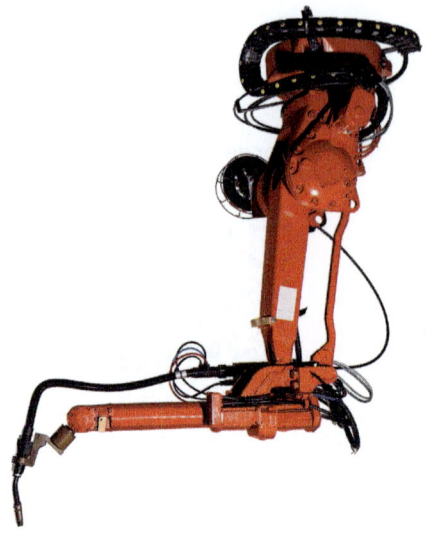

Robot suspendido

APLICACIÓN PRÁCTICA

Francisco quiere que su robot realice varias funciones en una célula flexible hecha por él mismo, como coger una lata, llevarla a otra mesa y colocarla en una caja, pero no sabe qué ubicación sería la más óptima, ¿podrías ayudarle?

Solución

La ubicación ideal para tener acceso a manipular varias estaciones de una célula flexible es en el centro de la célula.

Para insertar el robot adecuado se debe tener una célula flexible adecuada que se compenetre a la perfección con el robot. Una vez se tiene todo esto, se necesita un sistema de control que sea capaz de mostrar si la célula funciona correctamente y que te permita actuar sobre la célula a través de ella.

Si el número de puestos de la célula es pequeño, el controlador del robot podrá actuar en paralelo con los demás puestos de la célula. En cambio, si se trata de una célula flexible con bastantes puestos, será necesario un controlador central que establezca una jerarquización entre todos los puestos.

A continuación verás las **características** que deberá tener un buen sistema de control:

- **Control individual.** Se debe realizar un control de cada máquina, cintas de transportes y demás dispositivos de la célula.
- **Sincronización.** Los diferentes dispositivos de la célula deben poseer un funcionamiento sincronizado.
- **Detección, tratamiento y recuperación.** Ante cualquier situación defectuosa detectada, se deberá intentar solucionar de una manera eficaz.
- **Optimización del funcionamiento.** La célula deberá funcionar de una manera óptima para así asegurar la fabricación de la pieza en menor tiempo y de una manera eficaz.
- **Interfaz con el usuario.** El usuario deberá saber en todo momento el estado de la célula para poder actuar sobre él en caso de error o si quiere cambiar parámetros para conseguir acelerar el proceso.
- **Interfaz con otras células.** Sincronización con otras células para así optimizar el funcionamiento de una célula flexible de varias células independientes.
- **Interfaz con un sistema de control superior.** Buena comunicación con un sistema de control que realice la supervisión de toda la célula flexible.

3. Identificación de características para considerar en la selección de un robot

☞ HILO CONDUCTOR

Francisco ya tiene su pequeño robot creado y tiene en mente qué proceso quiere realizar, pero, una vez acabado este trabajo final de curso, quiere hacer otro tipo de robot para otro proceso distinto al actual. Por tanto, necesita saber qué características deberá tener en cuenta a la hora de escoger el robot.

- -

Si se desea implementar un robot en un sistema automatizado, un responsable con experiencia deberá escoger el robot más adecuado para un sistema determinado. Para ello deberá seguir una serie de características, las cuales verás a continuación:

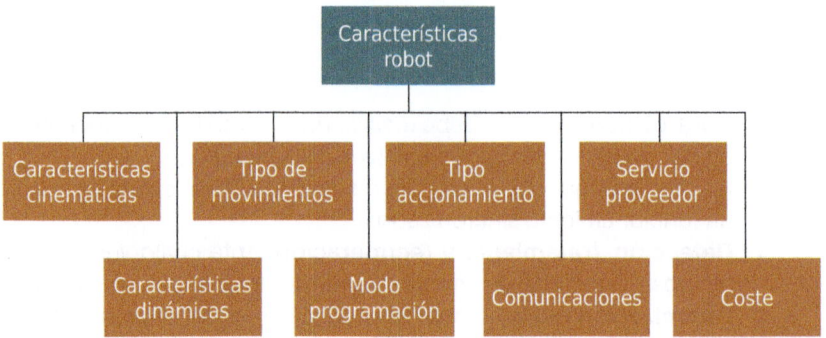

A la hora de seleccionar un robot, no hace falta considerar todas las características que has visto anteriormente, sino que, con tener la mayoría, debería bastar para tener un robot de garantías. A continuación verás las características más importantes que se deben tener en cuenta a la hora de escoger un robot.

3.1. Área de trabajo

Es uno de los puntos más importantes a la hora de escoger un robot, ya que, si tiene un área de trabajo mayor, más campo podrá abarcar el robot. El área de trabajo suele venir en la hoja de características del fabricante y viene indicado como el rango de recorrido de cada articulación del robot.

 **DEFINICIÓN**

Área de trabajo
Es el volumen espacial al que puede llegar el extremo del robot.

Deberás asegurarte de que en el robot que vayas a escoger, cuando mires su hoja de características, su área de trabajo ocupe los puntos en los que quieres que el robot actúe, es decir, ir a otras mesas o recoger objetos, por ejemplo.

Área de trabajo del robot IRB 2600

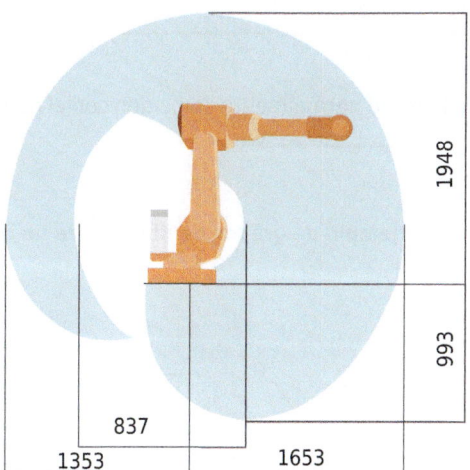

No solo deberás tener en cuenta los puntos necesarios, sino también los puntos singulares, es decir, aquellos puntos por los que el robot no podrá establecer una trayectoria rectilínea.

 **RECUERDA**

Había dos tipos de configuraciones singulares: singularidades en los límites del espacio de trabajo del robot y singularidades en el interior del espacio de trabajo del robot.

Gracias al área de trabajo, podrás definir de una manera más óptima la disposición de las demás estaciones de la célula flexible, ya que, si no, puedes producir colisiones entre ellas. Para ello, gracias a herramientas de simulación gráfica puedes ver si en un ensayo real se ocasionarían dichas colisiones.

3.2. Grados de libertad

Como bien sabes, los grados de libertad determinan hasta dónde puede llegar el robot, tanto en posición como en orientación.

 **RECUERDA**

Los grados de libertad normalmente coinciden con el número de articulaciones.

Ejemplo de grados de libertad de un robot

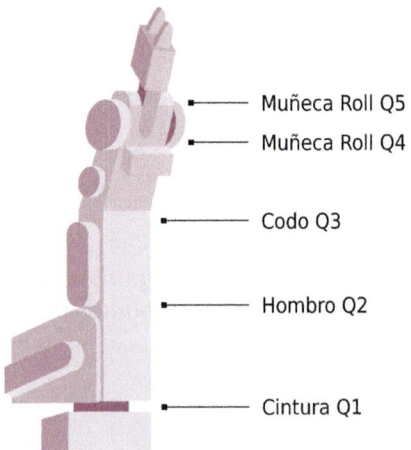

Muñeca Roll Q5
Muñeca Roll Q4

Codo Q3

Hombro Q2

Cintura Q1

Dependiendo de la tarea a desempeñar por el robot, se tendrán unos grados de libertad u otros. Un robot con tres grados de libertad se suele utilizar para robots que realizan operaciones de manipulación, mientras que un robot que tiene como función pintar o soldar necesita tener seis grados de libertad. De manera opcional, el fabricante proporciona uno o dos grados de libertad adicionales por si el usuario quiere añadirlos, lo que supondrá un aumento del coste del robot. Esto se conoce como **robots redundantes.**

 **DEFINICIÓN**

Robots redundantes
Son aquellos robots que tienen más grados de libertad que los necesarios para desempeñar su tarea.

3.3. Precisión, repetibilidad y resolución

Un robot se basa en la velocidad, flexibilidad y en el bajo error de posicionamiento con respecto a otras máquinas. Para que este error sea lo más mínimo posible, se debe tener en cuenta la precisión, repetibilidad y resolución.

NOTA

El fabricante suele establecer en la hoja de características del robot el valor de la repetibilidad. Es el factor clave a la hora de escoger un robot u otro.

A continuación verás estos tres conceptos representados:

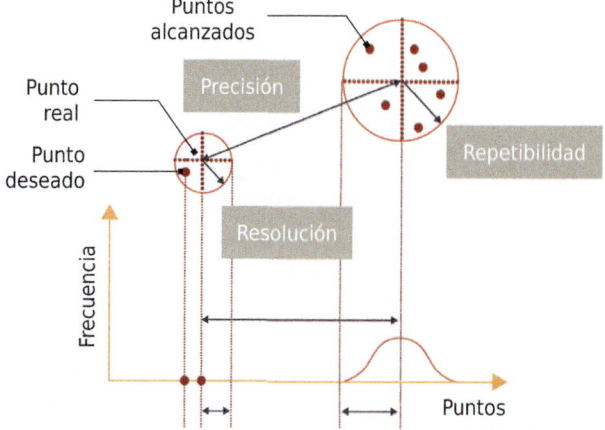

- **Precisión.** Es la distancia entre el punto programado inicialmente y el valor medio entre todos los puntos realmente alcanzados. Si la precisión no es nula, se debe a que hay algún error de calibración.
- **Repetibilidad.** Una vez se le ordena al robot ir a un punto programado en repetidas ocasiones, se alcanzan diversos puntos, pues la repetibilidad es el radio formado por todos esos puntos.
- **Resolución.** Mínimo incremento que puede aceptar el sistema de control del robot.

Factores como la longitud del brazo del robot, pieza manejada y tipo de estructura del robot influyen en el error de posicionamiento.

Robots cartesianos y aquellos robots más pequeños presentan errores de posicionamiento muy pequeños. Todo lo contrario a los **robots articulares** y **robots grandes.**

Como ya sabes por unidades anteriores, para describir una trayectoria hay que realizar una interpolación de puntos. La precisión viene determinada según el número de puntos a interpolar. El número de puntos está limitado por el cálculo de la matriz de transformación inversa y por la velocidad con la que hay que recorrer la trayectoria inicialmente programada.

3.4. Velocidad

La velocidad y la pieza transportada están relacionados inversamente. La velocidad del robot puede darse por dos factores: **la velocidad de cada articulacion** o **la velocidad media en su extremo.**

El fabricante da en su hoja de características la velocidad nominal en régimen permanente. Si se quiere alcanzar el régimen permanente, hay realizar un movimiento largo.

NOTA

La velocidad en el extremo de un robot con carga máxima oscila entre 1 y 4 m/s.

3.5. Capacidad de carga

Un robot está diseñado para manipular una pieza, pero no siempre van a poder manipular cualquier pieza. Por tanto, se debe diseñar un robot con una capacidad de carga adecuada para poder manejar la pieza deseada.

IMPORTANTE

La capacidad de carga viene determinada por el tamaño, configuración y sistema de accionamiento del robot.

El fabricante normalmente proporciona en la hoja de características del robot la carga nominal que el robot puede transportar sin que sus prestaciones dinámicas disminuyan.

NOTA

La capacidad de carga normalmente varía entre 5-50 kg, e incluso algunos pueden mover hasta media tonelada.

3.6. Sistema de control

El sistema de control en conjunto se podría dividir en dos partes, las cuales verás a continuación:

> **Cinemática y dinámica**
> - La **cinemática** se encarga del tipo de trayectorias. En ocasiones se ocupa del control del movimiento punto a punto, y en otras, de la trayectoria descrita por el extremo del robot. Las trayectorias rectilíneas y con interpolación circular vienen incorporadas en la mayoría de los robots.
> - La **dinámica** se encarga de las prestaciones dinámicas del robot. Esta indica si se realiza en cadena abierta o cerrada. Un buen control dinámico asegura una buena velocidad de respuesta y una estabilidad del robot.

Continúa en página siguiente >>

<< Viene de página anterior

Programación
- Dependiendo de la tarea a desempeñar, se debe realizar una programación por guiado o textual. Tareas de pintura deben programarse por guiado y tareas de paletizado se deben programar de forma textual.

4. Gestión de la seguridad en instalaciones robotizadas

☞ HILO CONDUCTOR

Francisco ha estado leyendo que ha habido numerosos accidentes causados por robots, por tanto, quiere conocer las prevenciones necesarias en las instalaciones robotizadas.

Una célula robotizada no está exenta de accidentes; suceden en menor grado que con otras máquinas, pero los hay. Por tanto, debe haber unas consideraciones de seguridad en las instalaciones. Se ha de hacer referencia a la seguridad por dos razones: porque el robot tiene un mayor índice de accidentes que otras máquinas de la célula y por un aspecto de aceptación social del robot dentro de la fábrica.

Los accidentes con máquinas de control numérico suelen ser parecidos a los de los robots, pero hay circunstancias que aumentan el riesgo de accidentes en robots. En la siguiente tabla verás la comparación entre un robot y una máquina de control numérico:

Comparación entre robot industrial y máquina de control numérico	
Robot industrial	**Máquina de control numérico**
Movimiento simultáneo de varios ejes	Movimiento simultáneo de uno o dos ejes como mucho

Continúa en página siguiente >>

<< Viene de página anterior

Comparación entre robot industrial y máquina de control numérico	
Trayectorias complejas	Trayectorias simples
Espacio de trabajo no reconocido fácilmente	Espacio de trabajo reconocido fácilmente
Campo de acción solapado con el de otras máquinas	Campo de acción no solapado

El robot suele realizar tareas de pintura o transporte de piezas de grandes dimensiones, lo que aumenta el riesgo de accidentes.

Los accidentes causados por robots industriales suelen ser los siguientes:

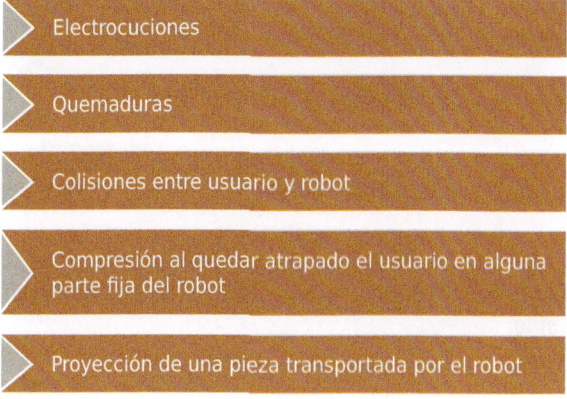

- Electrocuciones
- Quemaduras
- Colisiones entre usuario y robot
- Compresión al quedar atrapado el usuario en alguna parte fija del robot
- Proyección de una pieza transportada por el robot

4.1. Motivo

Pero, **¿por qué ocurren estos accidentes?** Estos accidentes son causados por las siguientes causas:

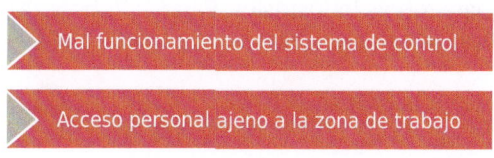

- Mal funcionamiento del sistema de control
- Acceso personal ajeno a la zona de trabajo

Continúa en página siguiente >>

<< Viene de página anterior

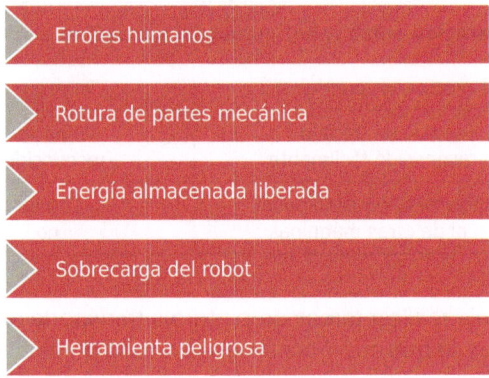

Errores humanos

Rotura de partes mecánica

Energía almacenada liberada

Sobrecarga del robot

Herramienta peligrosa

Una vez identificados los accidentes y sus causas, será necesario establecer una serie de medidas de seguridad para prevenir en mayor medida la causa de accidentes.

 ## SABÍAS QUE...

El 90 % de los accidentes ocurren en operaciones de mantenimiento de la célula robotizada, mientras que el otro 10 % tiene lugar mientras la célula está funcionando.

Para evitar los accidentes en células robotizadas habrá que establecer medidas de seguridad que abarquen dos caminos: seguridad intrínseca del robot —de la cual se ocupará el fabricante— y seguridad en el diseño, implantación y posterior utilización y mantenimiento —de la cual se ocupará el usuario—.

Para poder cumplir estos dos caminos se desarrolló la normativa en España UNE-EN ISO 10218-1:2012: Robots y dispositivos robóticos. Requisitos de seguridad para robots industriales. Parte 1: Robots, la cual establece las siguientes consideraciones:

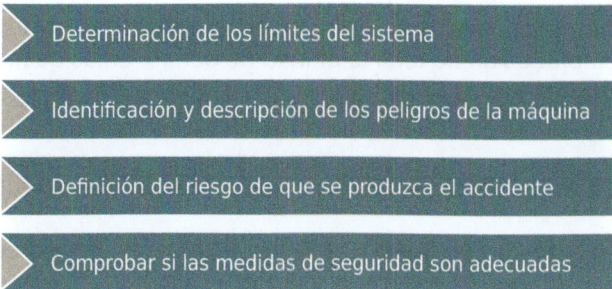

Determinación de los límites del sistema

Identificación y descripción de los peligros de la máquina

Definición del riesgo de que se produzca el accidente

Comprobar si las medidas de seguridad son adecuadas

4.2. Medidas de seguridad

Para seleccionar las medidas de seguridad se deben tomar las razones que se describen a continuación.

Medidas de seguridad a tomar en la fase de diseño del robot

A la hora de diseñar un robot siempre se debe tener en cuenta la posibilidad de un accidente, por tanto, el robot deberá tener de manera interna una serie de prevenciones, las cuales verás a continuación:

- ○ **Supervisión del sistema de control.** El sistema de control deberá realizar supervisiones continuas del funcionamiento del sistema y de él mismo.
- ○ **Paradas de emergencia.** Debe haber paradas de emergencia para detener completamente el robot en cualquier momento.
- ○ **Velocidad máxima limitada.** El sistema de control se encargará de reducir la velocidad máxima de los movimientos por debajo de la velocidad nominal cuando una persona se encuentre cerca del robot.
- ○ **Detectores de sobreesfuerzos.** Si los accionamientos realizan un esfuerzo que supere lo establecido, los sobreesfuerzos se encargarán de desactivar dicho accionamiento.
- ○ **Pulsador de seguridad.** Las paletas de programación traerán incorporado un botón de seguridad para que el usuario lo pulse y así evitar que el robot se mueva accidentalmente.
- ○ **Códigos de acceso.** El acceso a la programación, arranque o al sistema de control deberá realizarse mediante unas llaves determinadas o unas claves de acceso.
- ○ **Frenos mecánicos adicionales.** Se colocarán unos frenos adicionales en los accionamientos para cuando el robot se desconecte y esté soportando cargas de gran peso.

[211]

⊃ **Comprobación de señales de autodiagnóstico.** Se debe realizar una comprobación de toda la unidad de control antes de realizar el primer funcionamiento.

Medidas de seguridad a tomar en la fase de diseño de la célula robotizada

En el *lay-out* deberás tener en cuenta posibles accidentes, por tanto, se colocarán barreras de acceso y protecciones para reducir la posibilidad de accidentes, las cuales verás a continuación:

Barreras de acceso a la célula
- Son barreras que cercan la célula, impidiendo así el acceso a la zona de trabajo.

Dispositivos de intercambio de piezas
- Son máquinas que permitirán al usuario intercambiar piezas a distancia con la zona de trabajo.

Movimientos condicionados
- El usuario programará al robot de manera que actúe durante un tiempo de una manera que le permita acceder a la zona de trabajo sin peligro alguno.

Zonas de reparación
- Se debe prever la instalación de una zona de la célula dentro del campo de acción del robot para realizar cualquier tipo de reparación o mantenimiento.

Condiciones adecuadas en la instalación auxiliar
- Corresponde a sistemas eléctricos con protecciones, sistemas neumáticos y sistemas hidráulicos.

Medidas de seguridad a tomar en la fase de instalación y exploración del sistema

Durante la puesta en marcha o el mantenimiento de la célula robotizada, el usuario deberá respetar una serie de normas para evitar accidentes, las cuales normalmente están indicadas en la misma célula. Dichas normas las podrás ver a continuación:

Abstenerse de entrar en la zona de trabajo
- El usuario deberá permanecer fuera del campo de acción del robot, sobre todo en fase de pruebas. Deberá haber dos usuarios, uno para programar y otro para dar al botón de emergencia si fuese necesario.

Señalización adecuada
- Señales luminosas y acústicas deberán estar instaladas en la célula para avisar de cualquier error y evitar así algún accidente.

Prueba progresiva del programa del robot
- Para probar el programa del robot se deberá realizar inicialmente a velocidad mínima e irla aumentando progresivamente hasta asegurar que el programa del robot funciona correctamente.

Formación adecuada
- El personal responsable de la célula deberá tener una adecuada formación.

Como has visto anteriormente, hay normativas que rigen la seguridad en las instalaciones robotizadas. Hace 30 años la normativa era escasa, pero en la actualidad ya hay normativa muy amplia:

Normativa ISO 10218-1:2011
- Contiene información sobre análisis de la seguridad, definición de riesgos, identificación de posibles fuentes de peligros o accidentes y diseño y fabricación. Toda esta información es de tipo general.

Normativa americana ANSI/RIA R15.06-1992
- Es una normativa de Estados Unidos de 1992. Normativa breve pero con las siguientes características: inclusión sobre la probabilidad de aparición de un accidente y el posible daño al usuario, dependientes del nivel de experiencia del usuario y cuanto está en la zona de peligro.

UNE-EN ISO 10218-1:2012
- Incluye requisitos para mejorar la seguridad en el diseño, utilización, reparación y mantenimiento de las células robotizadas.

NOTA

Hace dos años salió a la luz la esperada norma ISO 150066:2016, una norma orientada a los robots colaborativos.

ACTIVIDAD COMPLEMENTARIA

7. Busca información sobre la norma ISO 150066:2016.

5. Justificación económica

Normalmente, antes de ejecutarse un proyecto se deberá realizar un análisis de viabilidad y rentabilidad del proyecto. En proyectos de instalaciones robotizadas, el análisis es imprescindible. El análisis económico consistirá en seguir tres pasos: factores económicos y datos básicos necesarios, el robot como elemento principal del análisis económico y métodos de análisis económico, los cuales verás más detalladamente a continuación.

5.1. Factores económicos y datos básicos necesarios

Para comenzar a realizar un análisis económico, deberás tener en cuenta una serie de factores económicos e información previa de datos útiles para el proyecto.

EJEMPLO

Para una instalación robotizada el principal factor económico es el tipo de instalación a desarrollar y los datos útiles son el coste de inversión, costes de la instalación y ahorros o beneficios del proyecto.

A continuación pasarás a ver un esquema sobre los factores y datos económicos:

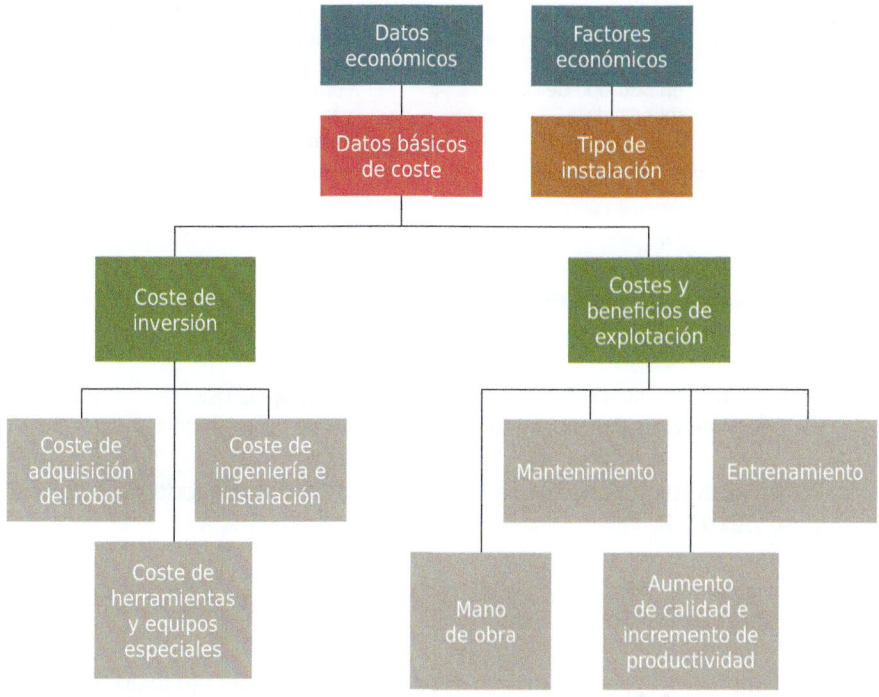

5.2. Robot como elemento principal del análisis económico

El robot visto desde el aspecto económico es un elemento aislado respecto a los demás equipos. Anteriormente has visto características como su coste o mantenimiento, pero no se ha hecho hincapié en factores como su versatilidad o flexibilidad.

La vida de los equipos industriales corresponde a la del producto que se está fabricando; en cambio, el robot se adapta a las circunstancias sin coste alguno, es decir, el robot no se limita al ciclo de vida de la instalación robotizada sino al suyo propio, por tanto, es más rentable. Aun así, va a haber dos aspectos a tener en cuenta:

Primer aspecto	Segundo aspecto
- Aunque un robot sea reprogramable, no se asegura al 100 % que este se pueda incluir en otro tipo de célula robotizada.	- Normalmente se utilizan los robots en células robotizadas con ciclos de vida cortos, por lo que es complicado justificar su inversión.

5.3. Métodos de análisis económico

Una vez tienes diseñada la instalación y los equipos que se van a utilizar, será necesario realizar un análisis de viabilidad y rentabilidad.

Para realizar dicho análisis se utilizan tres métodos: periodo de recuperación, VAN y TIR.

Periodo de recuperación

Es el intervalo de tiempo que va desde el comienzo del proyecto hasta que el *cash-flow* sea mayor que cero, es decir, el tiempo que tardas en recuperar la inversión.

$$\sum_{j=0}^{a}\left(R_j - C_j\right) = 0$$

$$- C.I. + n(R - C) = 0$$

 **EJEMPLO**

Francisco ha montado una pequeña línea de producción en la que utiliza un robot industrial. Ha realizado una inversión de 300 €. Ha calculado los gastos anuales

Continúa en página siguiente >>

<< Viene de página anterior

y sus posibles beneficios, los cuales se muestran en la tabla. A continuación, se procederá a calcular el tiempo que tardará Francisco en recuperar su inversión.

Años	0	1	2	3	4	5
Coste inversión	300	-----	-----	-----	-----	-----
Coste de explotación	-----	20	40	90	90	90
Ingresos	-----	90	100	200	200	200

$$-300 + (90 - 20) + (100 - 40) + n(200 - 90) = 0$$

$$n = 1,55 \text{ años}$$

Francisco tardará 1,55 años en recuperar la inversión inicial de 300 €.

VAN

Nos indica si el proyecto es rentable. Si el VAN es menor de cero, el proyecto no es rentable, pero si es mayor o igual a cero, el proyecto sí es rentable.

$$VAN = \sum_{j=0}^{n} \frac{(R_j - C_j)}{(1+i)^j}$$

👁 EJEMPLO

Rentabilidad del 1 % y se quiere que su valor final sea de 80 euros.

Continúa en página siguiente >>

<< Viene de página anterior

Años	0	1	2	3	4	5
Coste inversión	300	-----	-----	-----	-----	-----
Coste de explotación	-----	20	40	90	90	90
Ingresos	-----	90	100	200	200	200

$$VAN = -300 + \frac{90-20}{1+0,1} + \frac{100-40}{(1+0,1)^2} + \frac{200-90}{(1+0,1)^3} + \frac{200-90}{(1+0,1)^4} +$$

$$+ \frac{200-90}{(1+0,1)^5} + \frac{80}{(1+0,1)^6} = 35,73$$

Por tanto, es rentable al ser mayor que cero.

TIR

Es el beneficio o pérdida que se obtendrá del proyecto.

$$TIR = \sum_{T=0}^{n} \frac{Fn}{(1+i)^n} = 0$$

 **EJEMPLO**

Por último, se procede a calcular el TIR.

Años	0	1	2	3	4	5
Coste inversión	300	-----	-----	-----	-----	-----

Continúa en página siguiente >>

<< Viene de página anterior

Coste de explotación	-----	20	40	90	90	90
Ingresos	-----	90	100	200	200	200

$$0 = -300 + \frac{90-20}{1+i} + \frac{100-40}{(1+i)^2} + \frac{200-90}{(1+i)^3} + \frac{200-90}{(1+i)^4} +$$

$$+ \frac{200-90}{(1+i)^5} + \frac{80}{(1+i)^6} \Rightarrow i = 0,15$$

El TIR para el proyecto de Francisco es de 0,15.

TAREA 7

Francisco quiere construir una pequeña maqueta de una célula robotizada. Ya tiene el robot, y en mente tiene la colocación de dos estaciones más para coger una lata y otra para soltarla en una caja de paletizado y quisiera estudiar su viabilidad.

Realiza un análisis económico con los tres métodos que has visto para un ciclo de vida de 5 años; con una inversión de 50 €; costes de mano de obra y mantenimiento de 5 € el primer año, incrementándose 10 € cada año hasta que, del tercer año al último, se mantiene constante; se obtienen beneficio de 10 € el primer año incrementándose en 20 € cada año hasta que, del tercer año al último, se mantiene constante; la rentabilidad del VAN es del 10 %; y se quiere obtener un valor de 100 € en el último año.

---

6. Resumen

Para introducir un robot en una célula flexible, primero deberás diseñar la célula para adaptarse a las necesidades que quieres para el robot. Cuando esté diseñada, debes saber dónde colocar el robot.

Una vez sabes dónde vas a ubicar el robot, deberás seleccionar el robot. Para acertar a la hora de escoger el robot deberás ver que cumple las siguientes características:

➲ Características cinemáticas
➲ Características dinámicas
➲ Tipo de movimientos
➲ Modo programación
➲ Tipo accionamiento
➲ Comunicaciones
➲ Servicio proveedor
➲ Coste

Al igual que en cualquier trabajo, en las células robotizadas también pueden encontrarse accidentes:

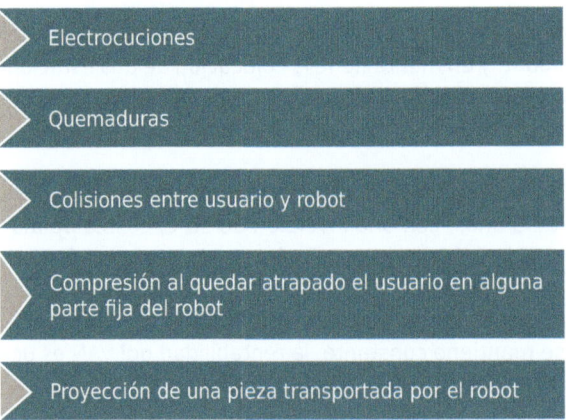

Para cumplir la seguridad en estas instalaciones, hay tres normativas que rigen esta seguridad:

Por último, todo proyecto, sea de una instalación robotizada u otra, tiene que tener un análisis económico, el cual se realiza con tres métodos:

➲ Periodo de recuperación
➲ VAN
➲ TIR

Ejercicios de autoevaluación
Unidad de Aprendizaje 7

1. ¿Qué se entiende por *lay-out*?

    a. Diseño inicial de una célula flexible.
    b. Diseño final de una célula flexible.
    c. Diseño inicial de una célula robotizada.
    d. Diseño final de una célula.

2. ¿Qué herramienta se suele utilizar para la realización del *lay-out*?

    a. *Matlab*
    b. *CadStar*
    c. *AutoCad*
    d. *RAPID*

3. ¿Qué robots se suelen utilizar para ubicarlos en el centro de la célula?

    a. Articulares
    b. Polares
    c. Móviles
    d. SCARA

4. ¿Qué ventajas tiene el robot móvil?

    a. Abarca más campo de aplicación.
    b. Trabaja sobre piezas de grandes dimensiones.
    c. Se mueve.
    d. Es controlado por mando.

5. ¿Qué es el área de trabajo?

    a. Es el volumen tridimensional al que puede llegar el extremo del robot.
    b. Es el volumen espacial al que puede llegar el robot.
    c. Es el volumen espacial al que puede llegar el usuario.
    d. Es el volumen espacial al que puede llegar el extremo del robot.

6. Determina si la siguiente oración es verdadera o falsa: "Las colisiones entre usuario y robot son accidentes normales".

- Verdadero
- Falso

7. ¿Qué medidas de seguridad se toman en células robotizadas?

   a. Medidas de seguridad a tomar en la fase de diseño del robot.
   b. Medidas de seguridad a tomar en la fase de diseño de la célula robotizada.
   c. Medidas de seguridad a tomar en la fase de puesta en marcha.
   d. Medidas de seguridad a tomar en la fase de instalación y exploración del sistema.

8. Determina si la siguiente oración es verdadera o falsa: "Desde hace 30 años la normativa en robótica ha sido muy amplia".

- Verdadero
- Falso

9. ¿Qué se toma en consideración para un análisis económico?

   a. Factores económicos
   b. Normativa
   c. Datos básicos
   d. Puesta en marcha

10. Para un análisis de viabilidad y rentabilidad, ¿qué métodos existen?

   a. TAE
   b. VAN
   c. TIR
   d. Periodo de recuperación

Identificación de aplicaciones industriales

Contenido

Objetivos

El objetivo general de esta Unidad de Aprendizaje es:

→ Poder diferenciar los tipos de robots industriales y sus aplicaciones.

Los objetivos específicos de esta Unidad de Aprendizaje son:

→ Conocer cómo se clasifican los robots industriales.

→ Estudiar las aplicaciones de los robots más utilizados en la industria.

1. Introducción

A lo largo de todo el temario has visto desde los primeros robots hasta cómo implantar los robots industriales actuales en un proceso industrial. Actualmente, los robots industriales se usan con frecuencia en procesos industriales, sobre todo, en el sector automovilístico.

Los robots industriales se emplean para facilitar el trabajo al ser humano en la creación y preparación de diversas piezas, especialmente, en las de grandes dimensiones.

Hay muchas aplicaciones en la industria para los robots, como soldadura, pintura, empaquetado, paletización, etc.

En esta unidad estudiarás todas las aplicaciones más frecuentes de los robots en la industria, viendo en qué tipo de sectores se aplican.

Seguirás centrándote en el caso de Francisco, quien tiene ya construido su propio robot, aunque mantiene la idea de construir otros para diversas aplicaciones.

2. Identificación de tipos de clasificación

☞ HILO CONDUCTOR

A Francisco le gustaría crear otro robot algo más completo en un futuro, pero no sabe qué utilidad darle. Por tanto, querría ver primero qué robots hay actualmente y cómo se clasifican para así poder escoger un robot acorde a sus necesidades.

En la actualidad, los robots industriales están incluidos en la mayoría de los procesos robotizados. Estos robots se encuentran insertados en el sector de manipulación, y se pueden encontrar en aplicaciones de fundición, moldeo, soldadura, paletización, etc. A continuación verás en un esquema cómo se clasifican actualmente los robots industriales:

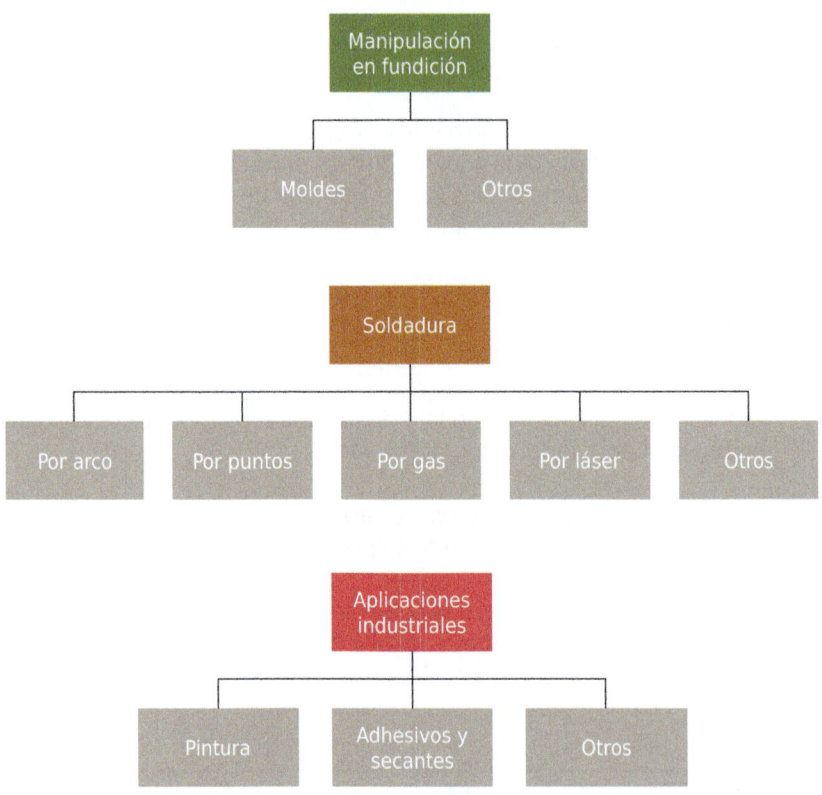

A continuación verás cómo se clasifican los robots según procesos de mecanización, montaje y corte:

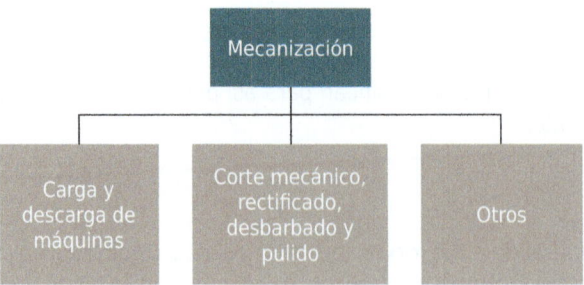

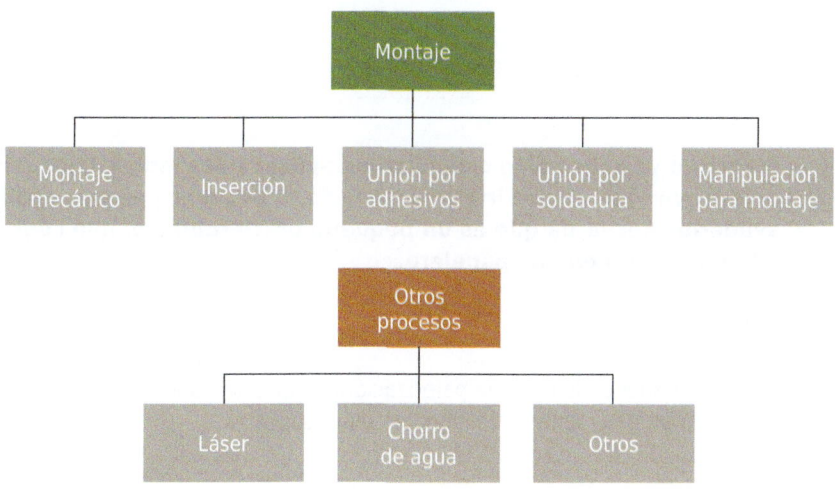

 ACTIVIDAD COMPLEMENTARIA

8. Busca información sobre alguna aplicación de las vistas hasta ahora.

Por último, verás procesos donde se utilizan robots para manipulación de material y educación:

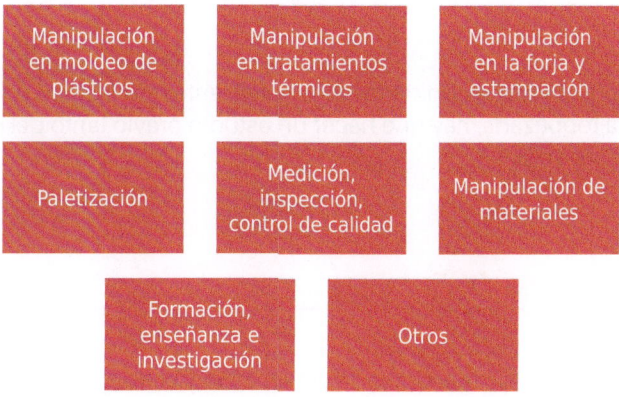

APLICACIÓN PRÁCTICA

Francisco ya sabe cómo clasificar las aplicaciones industriales, ahora quiere averiguar dónde iría ubicada la de su pequeño proceso, ¿podrías ayudarle? Recuerda que es un pequeño brazo robótico, que coge una lata y la suelta en una papelera.

Solución

El proceso adecuado es el de paletización, ya que, aunque no estés colocando piezas en un palé, estás colocándolas en la papelera.

---

3. Aplicación industrial de los robots y nuevos sectores

☞ HILO CONDUCTOR

Francisco ha visto que hay diferentes procesos donde clasificar los robots, pero ahora quiere aprender de forma detallada las aplicaciones industriales más importantes que utilizan robots.

Como has visto en unidades anteriores, antes de instalar un robot en una célula robotizada, hay que hacer un estudio previo tanto del entorno como del robot en sí.

SABÍAS QUE...

El primer proceso robotizado se dio en 1960 y consistía en un proceso de fundición inyectada.

A continuación, verás de una forma más detallada algunos de los procesos industriales vistos en la clasificación anterior.

3.1. Trabajos en fundición

Como ya sabes, el primer proceso ocurrió en 1960. Este proceso consiste en la inyección del material líquido en un molde. Una vez se solidifica la pieza, se extrae y se le da los últimos retoques.

En este proceso el robot industrial puede realizar tres tipos de tareas:

El robot utilizado para este proceso presenta las siguientes características:

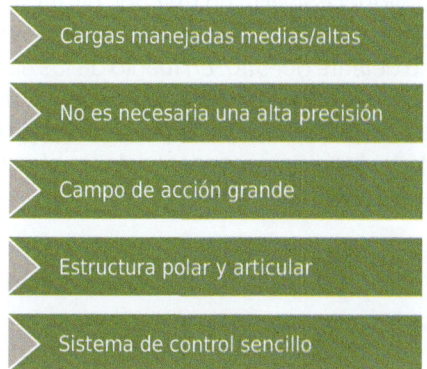

 **VÍDEO**

A continuación verás un vídeo de un proceso de fundición de plástico:

Continúa en página siguiente >>

<< Viene de página anterior

https://redirectoronline.com/fmem009po0801

3.2. Soldadura

El sector automovilístico es el que más ha apostado desde primera hora por la robótica, por ello, la soldadura es una de las tareas más demandadas a la hora de fabricar un coche.

La tarea de soldadura consiste en unir dos piezas metálicas mediante la fusión de uno o varios puntos. Esto implica pasar una corriente elevada a dos electrodos, uno delante del otro. En medio de los electrodos, se colocan las piezas a unir. Este tipo de soldadura se denomina **por puntos.** También se utiliza la soldadura **por arco;** este proceso consiste en unir dos piezas mediante un material fundido procedente de un electrodo. Un arco eléctrico provoca que el material se funda entre las piezas y estas se suelden.

 **VÍDEO**

A continuación verás un vídeo de soldadura por arco:

https://redirectoronline.com/fmem009po0802

Para estas dos aplicaciones se utilizan robots con distintas características, las cuales se muestran a continuación:

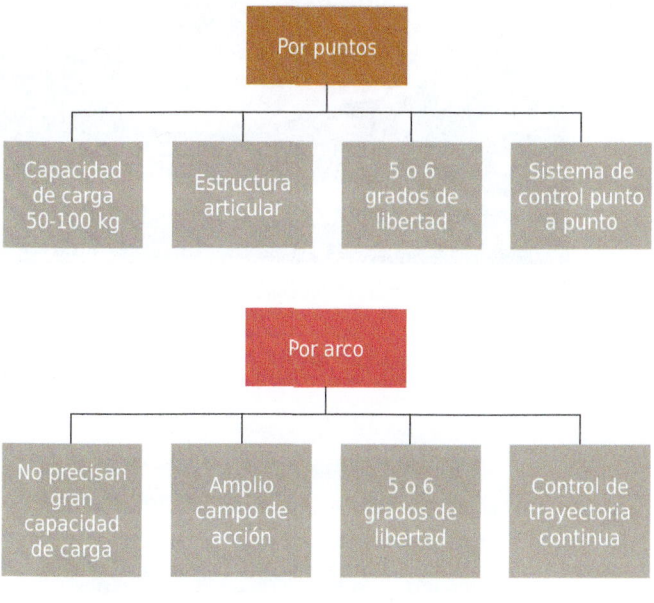

 **NOTA**

En ocasiones hay que soldar piezas de grandes superficies y para ello se ubica el robot suspendido.

3.3. Pintura

Uno de los procesos más utilizados en procesos industriales es el del acabado de las piezas mediante la pintura. Su aplicación se da en automóviles, electrodomésticos o muebles.

Este proceso se realiza mediante una pistola que mezcla aire y pintura y se aplica sobre la superficie a pintar. Para que toda la pintura quede repartida de forma homogénea, el usuario deberá establecer inicialmente distancia entre pieza-pistola, velocidad y número de pasadas.

Ejemplo de robot de pintura (© Fotografía: Andrei Kholmov /Shutterstock)

Los robots para el proceso de pintura presentan las siguientes **características:**

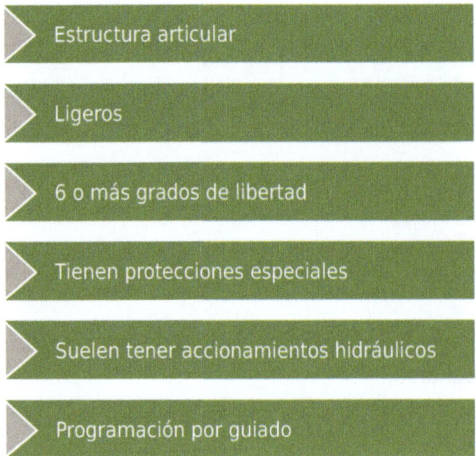

> Estructura articular

> Ligeros

> 6 o más grados de libertad

> Tienen protecciones especiales

> Suelen tener accionamientos hidráulicos

> Programación por guiado

3.4. Aplicación de adhesivos y sellantes

Para el sector automovilístico entran en acción también los robots para procesos de aplicación de sellantes o adhesivos de ventanas, parabrisas, etc.

Este proceso consiste en que el robot, por medio de una pistola en su extremo, va cogiendo material líquido y lo aplica en la zona programada inicialmente.

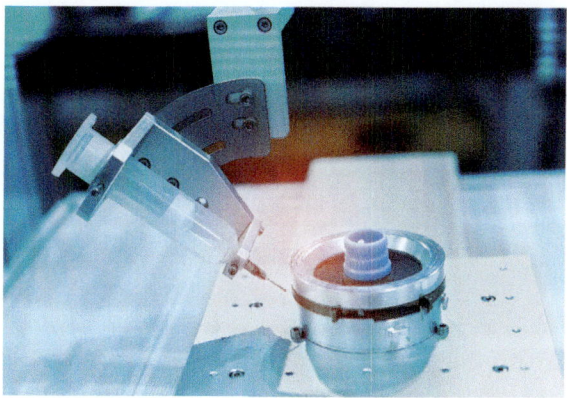

Ejemplo de robot aplicando adhesivo

Los robots utilizados en este proceso presentan las siguientes **características:**

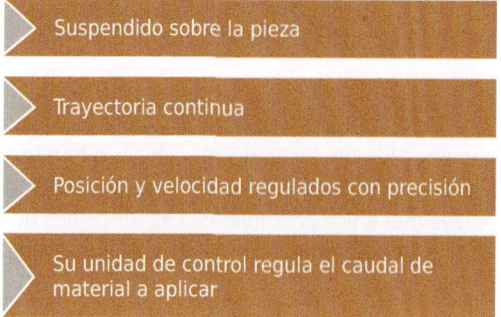

> Suspendido sobre la pieza

> Trayectoria continua

> Posición y velocidad regulados con precisión

> Su unidad de control regula el caudal de material a aplicar

3.5. Alimentación de máquinas

En este tipo de procesos se han introducido robots debido a la peligrosidad que tiene la carga y descarga de máquinas como hornos, prensas o estampadoras.

Para evitar esto, la solución es que el robot controle la máquina. Los robots utilizados en este tipo de procesos tienen las siguientes características:

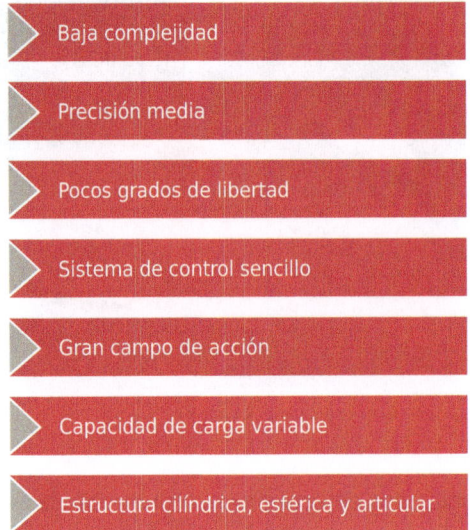

Baja complejidad

Precisión media

Pocos grados de libertad

Sistema de control sencillo

Gran campo de acción

Capacidad de carga variable

Estructura cilíndrica, esférica y articular

NOTA

En los últimos años los procesos de mecanizado han ido aumentando su producción y la aparición de los robots en ellos resulta una gran ventaja, ya que se
consiguen piezas mecánicas complejas. Las funciones del robot incluyen coger
y soltar piezas, incluso cargando el alimentador automático de herramientas
de la máquina de mecanizado.

3.6. Procesado

Este proceso contiene operaciones donde el robot coloca la pieza enfrente
de las herramientas para modificar la forma de la pieza. Esto se realiza en
operaciones de retirada de rebabas, es decir, desbarbado o de pulimento.

La herramienta a utilizar deberá seguir con una alta precisión el contorno de
la pieza para obtener el mejor resultado posible.

Las **características** de los robots utilizados en este proceso son las siguientes:

Trayectoria continua	Alta precisión	Buen control de velocidad	Adaptación a sensores

 **VÍDEO**

A continuación verás un vídeo de desbarbado:

https://redirectoronline.com/fmem009po0803

3.7. Corte

El proceso de corte de una pieza es algo bastante común en procesos industriales, por eso, la utilización de un robot para esta función es algo fundamental. El robot es programado inicialmente para realizar el corte en un *software,* como por ejemplo *CAD.*

 **NOTA**

Los cortes más utilizados en procesos industriales son láser, oxicorte, chorro de agua y plasma. Se usa uno u otro según el material que haya que cortar.

Actualmente la técnica de corte que mejores prestaciones tiene es la de chorro de agua, que es una técnica nueva. Esta técnica presenta las siguientes ventajas:

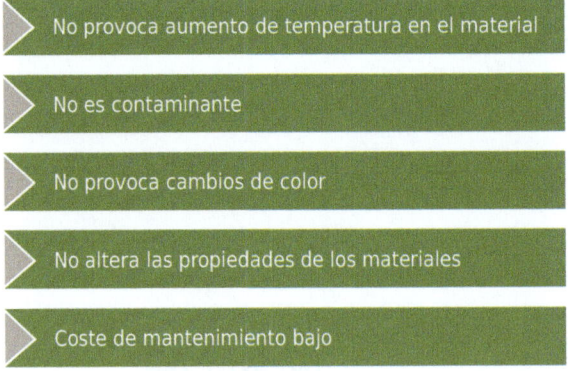

> No provoca aumento de temperatura en el material
>
> No es contaminante
>
> No provoca cambios de color
>
> No altera las propiedades de los materiales
>
> Coste de mantenimiento bajo

Los robots utilizados para este proceso presentan las siguientes características:

Trayectoria continua	Alta precisión	Campo de acción de 1-3 metros	Suspendido en el techo

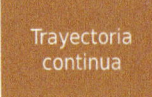 **VÍDEO**

A continuación vas a ver un vídeo de corte por chorro de agua:

https://redirectoronline.com/fmem009po0804

3.8. Montaje

En la actualidad se ha avanzado mucho en las operaciones de montaje, las cuales eran bastante complejas años atrás. Gracias a la introducción de los robots, se han mejorado mucho estos procesos llegando a modificar los productos con costes mínimos.

NOTA

Los robots más utilizados para procesos de montaje son SCARA, cartesianos y articulares.

Los robots empleados en procesos de montaje presentan las siguientes características:

Alta precisión · Buena repetitividad · Adaptabilidad selectiva

Robot utilizado en proceso de montaje

3.9. Paletización

Este proceso consiste en colocar piezas sobre un palé para almacenaje. Es un proceso lento si lo realiza un ser humano, pero con la ayuda de un robot se puede conseguir realizar en poco tiempo.

El robot coloca las piezas en posiciones determinadas en un palé, y en este es transportado por una cinta o carretilla hasta el almacén. Suelen ser piezas de gran tamaño y peso.

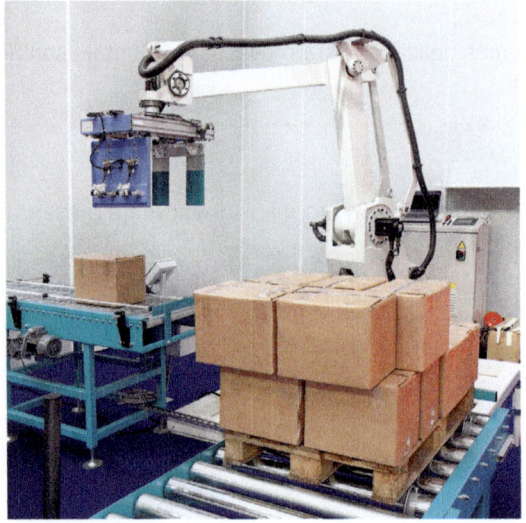

Robot paletizado

Los robots empleados en el proceso de paletizado presentan las siguientes características:

Gran tamaño	Capacidad de carga de 10 a 100 kg	Alta precisión	Buen control de velocidad

Las tareas de *pick & place* tienen similitudes respecto al proceso de paletizado. En este caso se almacenan piezas de pequeño tamaño.

 **VÍDEO**

A continuación verás un vídeo de este proceso:

https://redirectoronline.com/fmem009po0805

3.10. Control de calidad

Todo producto final, tras acabar un proceso, deberá aprobar un control de calidad. En este campo también han entrado los robots, los cuales pueden realizar dicho control sobre las piezas.

Este proceso consiste en la utilización de un palpador como extremo del robot, el cual irá tocando diferentes puntos de la pieza y si sus valores coinciden con los establecidos inicialmente se dará la pieza por buena. Hay ocasiones donde el robot puede transportar hasta la pieza instrumentación para realizar el control. También el robot puede usarse para clasificar las piezas según sean válidas o no.

Robots de Control de calidad

No hay un robot con unas características específicas para este tipo de proceso. Pueden usarse robots articulares, aunque los más usados son los robots cartesianos debido a su alta precisión.

3.11. Manipulación en salas blancas

Hay procesos de manipulación que necesitan salas con un ambiente muy limpio y controlado. Estas son las denominadas salas blancas. En ellas los usuarios deben pasar previamente un proceso de esterilización y entrar con trajes especiales. Esto ocurre en productos farmacéuticos, ya que dichos productos no pueden contaminarse.

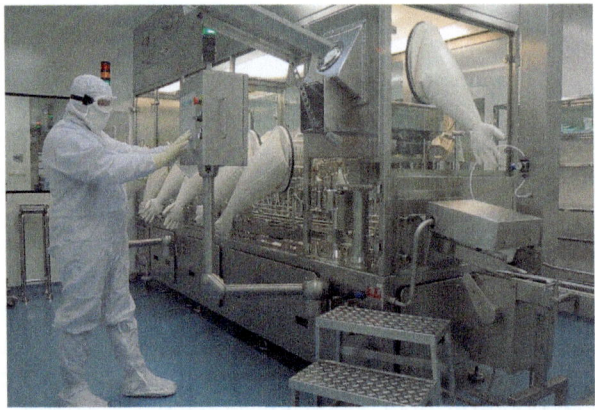

Robot manipulando en una sala blanca

Los usuarios deben entrar en estas salas para manipular el producto, ya sea para abrir probetas o girarlas. Aquí entran en acción los robots, que serán los encargados de realizar dichas tareas.

Los robots utilizados para estos procesos tienen las siguientes características:

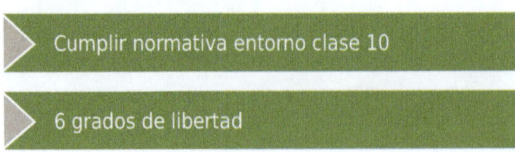

Cumplir normativa entorno clase 10

6 grados de libertad

Continúa en página siguiente >>

<< *Viene de página anterior*

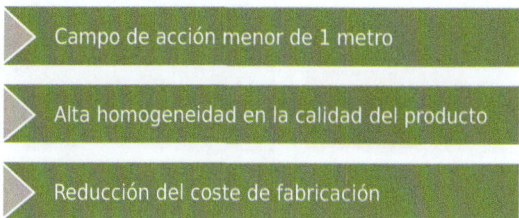

Campo de acción menor de 1 metro

Alta homogeneidad en la calidad del producto

Reducción del coste de fabricación

 **TAREA 8**

Francisco ya ha terminado su trabajo fin de curso y ahora quiere construir un robot que le permita colocar piezas según una distribución previamente programada.

Indica qué tipo de aplicación de las vistas encajaría mejor en su necesidad y busca qué características deberá tener su robot para poder realizar la tarea.

----

4. Resumen

Los robots sirven para ayudar al ser humano a realizar tareas pesadas o para facilitar su trabajo. Por ello se introdujeron en procesos industriales, para optimizar costes y tiempo en la fabricación o manipulación de piezas. Los robots se pueden clasificar según la IFR de la siguiente forma:

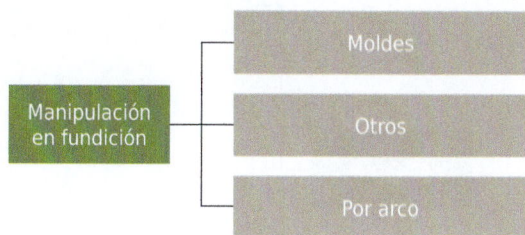

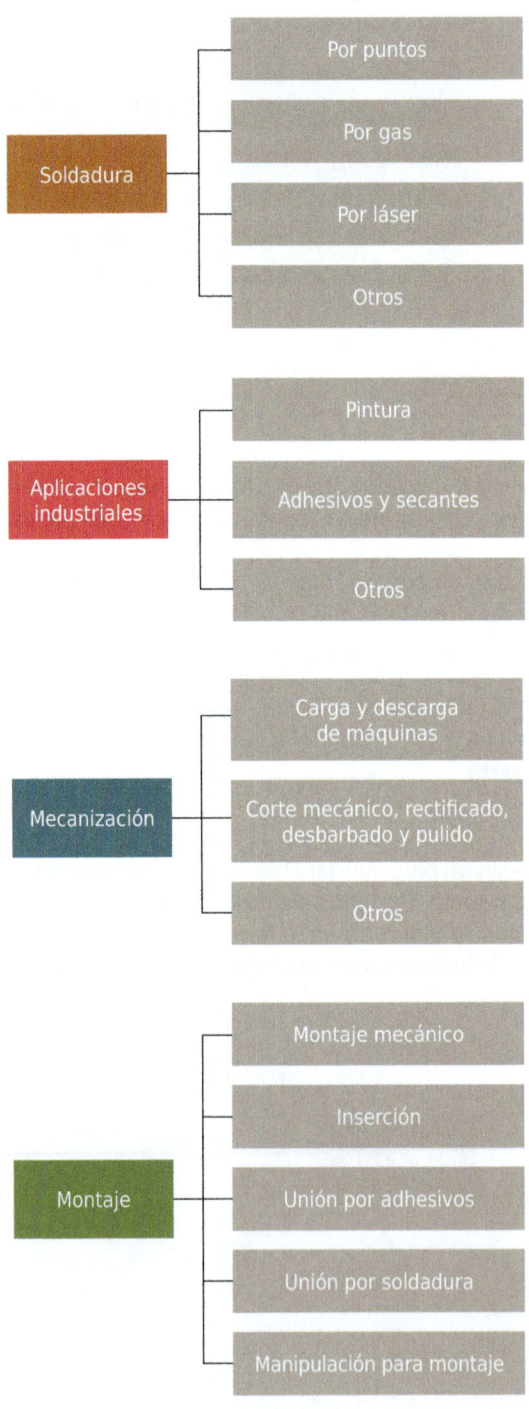

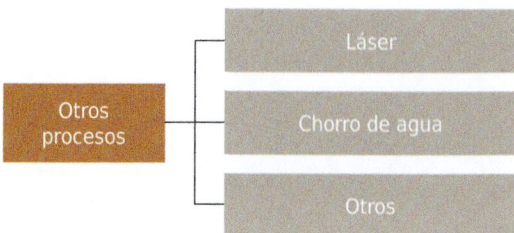

Las aplicaciones industriales donde hay más participación de un robot son las siguientes:

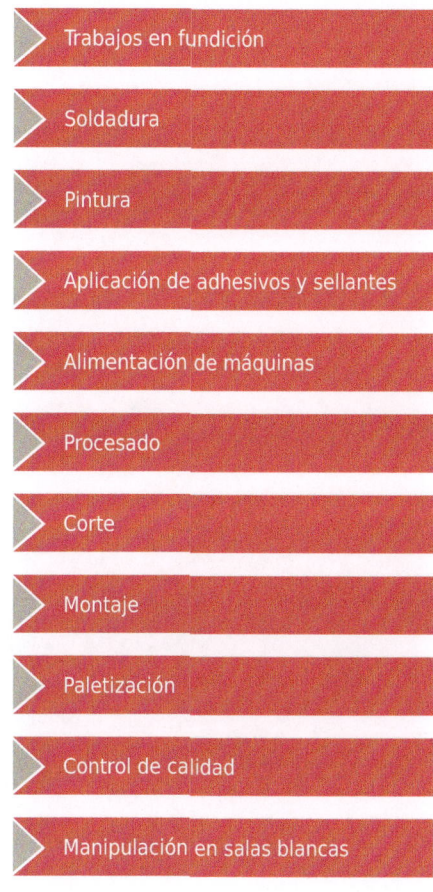

Ejercicios de autoevaluación
Unidad de Aprendizaje 8

1. ¿Quién es la encargada de clasificar los robots?

    a. IFR
    b. Usuario
    c. IFPR
    d. RFI

2. ¿Qué se utiliza en fundición?

    a. Material líquido
    b. Adhesivos
    c. Corte
    d. Moldes

3. ¿Qué tipos de soldadura hay?

    a. Por láser
    b. Por gas
    c. Por corte
    d. Por puntos

4. ¿Cuál fue el primer proceso robotizado?

    a. Soldadura por corte.
    b. Mecanizado de piezas automovilísticas.
    c. Control de calidad.
    d. Fundición inyectada.

5. Ordena las tareas a realizar en fundición:

    a. Colocación
    b. Extracción
    c. Limpieza

6. Determina si la siguiente oración es verdadera o falsa: "En procesos de soldadura, si la pieza es pequeña, se ubica el robot suspendido en el techo".

   ■ Verdadero
   ■ Falso

7. ¿Qué robots son los más utilizados en procesos de montaje?

   a. Cartesianos
   b. Angulares
   c. SCARA
   d. Articulares

8. Determina si la siguiente oración es verdadera o falsa: "Los robots utilizados en pintura tienen 3 grados de libertad".

   ■ Verdadero
   ■ Falso

9. Determina si la siguiente oración es verdadera o falsa: "Los robots utilizados en procesado tienen una trayectoria continua".

   ■ Verdadero
   ■ Falso

10. ¿Qué se entiende por salas blancas?

   a. Son aquellas que están pintadas de color blanco.
   b. Son aquellas que tienen un ambiente sucio.
   c. Son aquellas que tienen un ambiente limpio y controlado.
   d. Son aquellas que tienen un ambiente limpio.

Glosario

Ámbito industrial
Campo relacionado con la industria. La industria es el conjunto de las operaciones que se llevan a cabo con la intención de obtener, transformar o transportar productos naturales.

Articulación
Unión material de dos o más piezas de modo que, por lo menos, una de ellas mantenga alguna libertad de movimiento.

Brazo robótico
Es un tipo de brazo mecánico, normalmente programable, con funciones parecidas a las de un brazo humano.

Código
Conjunto de líneas de texto con los pasos que debe seguir la computadora para ejecutar un programa.

Control numérico
Es un sistema de automatización de máquinas herramienta que son operadas mediante comandos programados en un medio de almacenamiento.

Coordenadas
Se emplean para establecer la posición de un punto y de los planos o ejes vinculados a ellas.

Espacio tridimensional
Un objeto presenta tres dimensiones, es decir, puede ser localizado especificando tres números dentro de un cierto rango, como son la anchura, altura y profundidad.

Estructura
Conjunto de relaciones que mantienen entre sí las partes de un todo.

Instrucción

Conjunto de datos insertados en una secuencia estructurada o específica que el procesador interpreta y ejecuta.

Inteligencia artificial

Programa de computación diseñado para realizar determinadas operaciones que se consideran propias de la inteligencia humana, como el autoaprendizaje.

Interpolación

Obtención de nuevos puntos partiendo del conocimiento de un conjunto discreto de puntos.

Localización espacial

Se refiere a un lugar del espacio donde se encuentra un objeto.

Máquina

Objeto fabricado y compuesto por un conjunto de piezas ajustadas entre sí que se usa para facilitar o realizar un trabajo determinado, generalmente transformando una forma de energía en movimiento o trabajo.

Matriz

Tabla de números que pueden sumarse y multiplicarse entre sí. Es una disposición de valores numéricos y/o letras, en columnas y filas, de forma rectangular.

Orientación

Acción de orientar o colocar una cosa con respecto a un punto fijo.

Posición

Manera de estar colocado alguien o algo en el espacio, que se determina en relación con la orientación respecto a algo.

Precisión

Ajuste completo de un dato, cálculo, medida, expresión, etc.

Producción flexible

Es una metodología de cadena de montaje desarrollada originalmente por Toyota y la industria de la fabricación de automóviles. También se conoce como Sistema de Producción de Toyota o producción *just-in-time*.

Programa

Secuencia de instrucciones y comandos escrita en código para realizar una tarea concreta en un ordenador.

Rotación
Giro o vuelta de una cosa alrededor de su propio eje o de otros ejes.

Software
Conjunto de programas y rutinas que permiten a la computadora realizar determinadas tareas.

Teleoperador
Dispositivos electromecánicos móviles o estacionarios, dotados normalmente de uno o varios brazos mecánicos independientes, controlados por un programa ordenador y que realizan tareas no industriales de servicio.

Tramo
Parte comprendida entre dos puntos que forma parte de una línea o de algo que se desarrolla linealmente.

Traslación
Acción de trasladar o trasladarse de lugar.

Velocidad
Relación que se establece entre el espacio o la distancia que recorre un objeto y el tiempo que invierte en ello.

Bibliografía

Monografías

→ ÁLVAREZ Cano, I.: *Introducción a la robótica.* Madrid: Dextra, 2017.

> Manual que se compone de una introducción al tema de la robótica, para posteriormente profundizar en conceptos más complejos.

→ BARRIENTOS, A. [et al.]: *Fundamentos de Robótica.* Madrid: McGraw-Hill, 2007.

> Uno de los libros más completos que hay en el mercado para aprender robótica. Enseña de una forma detallada y muy amplia desde los inicios de la robótica hasta como la conocemos actualmente.

→ GONZÁLEZ, M.: *Estudio sobre los lenguajes de programación para la robótica.* [s.l.]: Monografías, 2001.

> Para que un robot funcione es necesario que el usuario lo programa inicialmente. En esta monografía se realiza un estudio de los diferentes lenguajes de programación y cuáles presentan mejores prestaciones en los robots.

→ LLEDÓ Yagüe, F., LLEDÓ Benito, I., BENÍTEZ Ortúzar, I., MONJE Balmaseda, O.: *La robótica y la inteligencia artificial en la nueva era de la revolución industrial 4.0. Los desafíos jurídicos, éticos y tecnológicos de los robots inteligentes.* Madrid: Dykinson, S. L., 2021.

> Monografía en la que se detallan conceptos como la robótica y la inteligencia artificial.

→ ROCHA Díaz, A.: *Robótica, diseño y aplicación.* Barcelona: Marcombo, 2020.

> Este libro brinda la oportunidad de iniciarse y profundizar en la robótica desde su historia, definiciones, fundamentos, tipos y categorías de robots, herramientas, *software* y *hardware* empleado.

→ TURMERO, P.: *La Robótica IV.* [s.l.]: Monografías, 2014.

Monografía muy detallada, con una breve introducción a la historia de la robótica para centrarse a continuación en la morfología de un robot.

→ URDIALES García, C.: *Introducción a la robótica.* Málaga: Universidad de Málaga, 2010.

Una monografía completa de los inicios de la robótica y que sirve como introducción.

Textos electrónicos, bases de datos y programas informáticos

→ BERMÚDEZ Flores, H.: *"Antecedentes y prospectiva de la robótica",* en *Saber sin fin.* Disponible en: <https://www.sabersinfin.com/articulos/ciencia-y-tecnologia/921-antecedentes-y-prospectiva-de-la-robica>.

Artículo que explica de una forma muy detallada la historia de la robótica y la evolución de ésta hasta como la conocemos actualmente.